DeepSeek 实战
操作攻略与商业应用

李 寅 著

电子工业出版社
Publishing House of Electronics Industry
北京·**BEIJING**

内 容 简 介

当前，DeepSeek 作为 AI 领域的一个新热点和新风口，受到资本和各类企业的广泛关注。本书聚焦 DeepSeek，对其进行详细讲述。

本书分为三篇，上篇详细介绍 DeepSeek 的基础理论知识、技术架构等，让读者对 DeepSeek 有初步的了解；中篇讲述 DeepSeek 操作攻略，包括准备工作、问题处理和进阶操作等；下篇从电商、传媒、金融和教育等具体领域入手，分析 DeepSeek 引发的变革，以及其中隐藏的机遇等。本书对 DeepSeek 进行了了全方位的介绍，内容全面。对于 DeepSeek 相关从业人员、AI 技术专家、AI 技术研究员、企业家、管理者来说，本书是一本不可多得的实战宝典。

图书在版编目（CIP）数据

DeepSeek 实战 ： 操作攻略与商业应用 / 李寅著.

北京 ： 电子工业出版社，2025. 4. -- ISBN 978-7-121 -50133-3

Ⅰ．TP18

中国国家版本馆 CIP 数据核字第 2025SW6577 号

责任编辑：刘志红（lzhmails@phei.com.cn）　　　特约编辑：李　姣

印　　刷：三河市鑫金马印装有限公司

装　　订：三河市鑫金马印装有限公司

出版发行：电子工业出版社

　　　　　北京市海淀区万寿路 173 信箱　邮编　100036

开　　本：720×1 000　1/16　印张：13.5　字数：259 千字

版　　次：2025 年 4 月第 1 版

印　　次：2025 年 4 月第 1 次印刷

定　　价：89.00 元

当前，AI 技术正以前所未有的迅猛态势重塑全球商业版图。从 ChatGPT 的发布到 GPT 系列模型的持续迭代，每一次技术的飞跃都在不断拓展 AI 的边界，引领着行业的深刻变革。在这场波澜壮阔的变革浪潮中，DeepSeek 的横空出世，不仅彰显了我国企业在 AI 领域的卓越科技实力，还为我国企业参与全球 AI 竞赛开辟了新的赛道。

DeepSeek 的崛起并非偶然，而是技术发展与市场需求双重驱动下的必然结果。随着大数据、云计算和深度学习等技术的成熟，AI 的应用场景不断拓展，用户对智能工具的需求也日益多样化、个性化。DeepSeek 凭借其独特的三大模式——基础模式、联网搜索模式和深度思考模式，满足了用户在不同场景下的多元化需求。无论是日常生活中的简单问答，还是商业决策中的复杂分析，DeepSeek 都能提供高效、精准的解决方案，展现出强大的应用潜力和价值。

DeepSeek 的成功，不仅得益于其强大的技术实力，还在于其对用户需求的深刻洞察和精准把握。本书旨在为读者提供一个全面、深入的视角，帮助读者深入了解并有效应用 DeepSeek，进而创造更大的价值。全书从技术揭秘、操作攻略和应用场景三个维度展开，力求为读者呈现一个立体、生动的 DeepSeek 知识体系。

上篇从 DeepSeek 的诞生背景入手，详细解析了其三大核心模式和技术架构。通过这一部分，读者将深入了解 DeepSeek 在预训练、微调、推理等关键技术领域的突破，以及它如何通过数据处理、安全隐私保护和开源技术等手段，构建一个强大且开放的技术生态系统。

中篇聚焦 DeepSeek 的实际操作，从前期准备到指令输入，从问题处理到输出优化，逐步引导读者掌握 DeepSeek 的使用技巧。这一部分通过详细的步骤和示例，帮助读者快速上手，提升使用效率，为后续的深入应用打下坚实基础。

下篇通过电商、传媒、金融、教育、医疗和政务等多个领域的实际案例，生动展示了 DeepSeek 是如何赋能各行各业，推动其智能化转型的。这些案例不仅体现了 DeepSeek 的广泛应用性和灵活性，还彰显了其在推动社会经济发展中的重要作用。

本书的特点在于其系统性和实用性。它不仅深入剖析了 DeepSeek 的技术原理，还提供了大量实战案例和操作指南，帮助读者将理论知识转化为实际能力。无论是 AI 初学者还是有一定经验的开发者，都能从本书中找到适合自己的内容。此外，本书还特别强调了 DeepSeek 在商业应用中的价值。通过开源策略和与钉钉等平台的深度合作，DeepSeek 不仅构建了一个庞大的生态系统，还为企业和开发者提供了丰富的商业化机会。

本书内容丰富全面，力求帮助读者深入了解 DeepSeek 的核心技术与应用场景，掌握其操作技巧，并将其应用于实际工作中，获得更多便利。AI 的未来已来，而 DeepSeek 正是通往未来的重要桥梁。让我们一起踏上这段充满挑战与机遇的旅程，探索 AI 的无限可能。

CONTENTS

目 录

中篇 快速上手，DeepSeek 操作攻略

上 篇

从零入门，DeepSeek 深度揭秘

第 1 章
DeepSeek：全球 AI 竞争破局者

在当前 AI 技术不断突破、全球 AI 竞争激烈的发展趋势下，DeepSeek 脱颖而出，成为备受关注的破局者。DeepSeek 能够精准理解复杂语义，生成连贯自然的文本，同时通过算法优化，提升底层模型训练效率与性能。在持续创新下，DeepSeek 以技术为刃，在全球 AI 版图中开辟独特路径，有力推动了行业发展。

1.1 认知：火爆全网的 DeepSeek

自 2025 年初上线以来，DeepSeek 引发广泛关注且持续火爆，成为 AI 领域的一匹黑马。它的出圈让世界看到了中国 AI 的强大实力。在技术的驱动下，DeepSeek 展现出巨大的发展潜力。

1.1.1 什么是 DeepSeek

作为备受瞩目的业内新秀，创新科技公司——杭州深度求索人工智能基础技术研究有限公司致力于先进大语言模型和相关技术研发，以推动 AGI（Artificial General Intelligence，通用人工智能）的发展。它以开源模式和低成本策略为核心，致力于打破 AI 领域的垄断，推动 AGI 技术的普及。

DeepSeek 开发了基于 MoE（Mixture of Experts，混合专家模型）架构的大型语言模型，如 DeepSeek-V3 和 DeepSeek-R1。其中 DeepSeek-V3 拥有 6710 亿参数，每次推理仅激活 370 亿参数，显著降低了计算量和计算成本。DeepSeek-R1 在此基础上进一步优化，基于强化学习技术提升了推理能力，在数学、自然语言推理等任务中表现优异，性能比肩 OpenAI 的 o1 模型。

DeepSeek 的技术创新体现在以下 3 个方面。

（1）低成本训练。DeepSeek-R1 的预训练成本仅为 557.6 万美元，远低于业内主流模型的训练成本。

（2）开源与可复现性。DeepSeek 公开了模型训练的全过程，支持全球开发者低成本复现。

（3）强化学习应用。通过大规模强化学习，DeepSeek 在少量标注数据的背景下大幅提升了模型的推理能力。

自上线以来，DeepSeek 也引起了巨大反响。DeepSeek 应用于 2025 年 1 月登顶苹果中国区和美国区应用商店免费榜，超越 ChatGPT。同时，DeepSeek 的开源模式吸引了全球开发者的关注，加州大学伯克利分校、AI（Artificial Intelligence，人工智能）大模型社区 Hugging Face 等已成功复现其模型。DeepSeek 提供多种部署方案，支持开发者在本地部署模型，降低了使用门槛。

在 DeepSeek 火热发展的趋势下，国内外多家云厂商宣布接入 DeepSeek。聚焦国内，华为云、阿里云、腾讯云等平台都上线了 DeepSeek-R1 和 DeepSeek-V3 服务，支持系列模型一键部署。放眼国外，微软将 DeepSeek-R1 引入旗下模型库，亚马逊云也上线了 DeepSeek-R1 模型，为用户提供优质 AI 服务。

在行业应用方面，DeepSeek 覆盖了医疗、办公、教育、金融等领域。各领域龙头企业纷纷接入 DeepSeek，推进 AI 在业内场景的应用。DeepSeek 也推出了企业级应用实战训练营，帮助企业实现 AI 转型。

未来，DeepSeek 计划继续优化模型性能，探索更高效的训练和推理方法，进一步降低成本，同时以更优质的模型和服务赋能更多企业，推动业务的全球化拓展。

1.1.2　DeepSeek 在何种背景下诞生

DeepSeek 的诞生是时代大势下技术发展、社会需求和政策支持等多种因素共同作用的结果。

1. 技术发展方面

近年来，AI 技术迅猛发展，深度学习算法不断迭代升级。Transformer 架构的提出推动了自然语言处理领域的进步，为大语言模型的发展奠定了坚实基础。算力的持续提升让大规模模型训练成为可能。同时，开源社区的蓬勃发展加速了技术的传播与创新。这样的技术环境为 DeepSeek 的诞生提供了技术土壤。

AI 技术的发展与成熟使 AGI 的实现成为可能。不少国家将 AGI 视为技术发展的重要方向，试图在这一领域占据领先地位。我国作为全球科技创新的重要力量，也在积极推动 AI 技术的发展与 AGI 的实现，并将其视为实现经济转型和产业升级的关键驱动力。在这一背景下，DeepSeek 应运而生，致力于成为 AGI 领域的领跑者。

2. 社会需求方面

随着数字化时代的到来，社会各领域对智能化的需求日益增长。在商业领域，企业渴望更精准的数据分析和智能决策工具以提升竞争力。例如，电商平台需要智能推荐系统精准推送商品，提高用户购买转化率。在教育领域，个性化学习需求凸显，教师希望借助 AI 实现因材施教。在医疗领域，医生期望通过智能诊断系统更准确地判断病情。这些广泛而迫切的社会需求催化了 DeepSeek 的诞生，以满足社会对智能化的强烈需求。

3. 政策支持

政策支持为 DeepSeek 的诞生提供了肥沃的土壤。近年来，我国高度重视 AI 产业的发展，出台了一系列政策支持技术创新和产业应用，如鼓励高校和科研机构开展 AI 相关研究；对 AI 企业给予税收优惠、补贴等政策扶持；积极推动 AI 在各行业的应用试点，为技术落地创造条件等。在政策大力支持的大环境下，DeepSeek 获得了良好的发展机遇，能够在政策的保驾护航下，专注于技术研发与创新，迅速成长壮大。

伴随着全球 AI 技术的演进和我国科技创新的蓬勃发展，DeepSeek 将进一步推进 AI 技术的普及和应用，以创造更美好的未来。

1.1.3　为什么 DeepSeek 能出圈

自 DeepSeek 诞生以来，全球用户迅猛增长，获得了个人用户、开源社区、科研机构和各行业企业等多方面的认可，在短时间内迅速出圈。这与其背后的技术优势与潜力密切相关。具体而言，以下 3 个原因驱动了 DeepSeek 破圈发展，如图 1-1 所示。

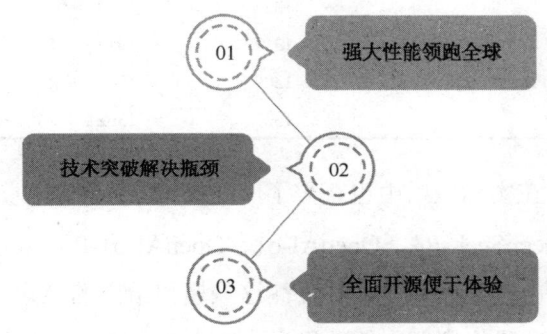

图 1-1　DeepSeek 出圈的原因

1. 强大性能领跑全球

DeepSeek-R1 在多项测试中的表现超越了业内领先模型 OpenAI-o1，性能领跑全球。公开技术报告显示，DeepSeek-R1 在多个数学、编程测试集中取得优异成绩，超越了 OpenAI-o1d 的得分。

同时，DeepSeek-R1 在 Chatbot Arena 榜单中名列前茅，显示了强大性能。Chatbot Arena 是一个开放的大模型竞技场，会对不同的模型进行比较并支持用户进行投票。截至 2025 年 2 月 9 日，Chatbot Arena 收到海量的用户投票。虽然 DeepSeek-R1 上线时间较晚，收到的投票较少，但仍以 1361 分的 Arena Elo 分数位居前列，仅次于 Gemini 的两款模型和 ChatGPT-4o 的模型，见表 1-1。

表 1-1　Chatbot Arena 榜单排名（截至 2025 年 2 月 9 日）

模型	Arena Elo 分数	编程 Elo 分数	投票次数	机构
Gemini-2.0-Flash-Thinking-Exp-01-21	1384	1364	11462	Google
Gemini-2.0-Pro-Exp-02-05	1379	1373	9385	Google

续表

模型	Arena Elo 分数	编程 Elo 分数	投票次数	机构
ChatGPT-4o-latest(2024-11-20)	1365	1351	39649	OpenAI
DeepSeek-R1	1361	1363	4193	DeepSeek
Gemini-2.0-Flash-001	1355	1349	7264	Google
o1-2024-12-17	1351	1363	13416	OpenAI
Qwen2.5-Max	1332	1337	5459	Alibaba
DeepSeek-V3	1317	1317	16463	DeepSeek
Gemini-2.0-Flash-Lite-Preview-02-05	1309	1317	6638	Google
o3-mini	1309	1362	6284	OpenAI

DeepSeek-R1 在实际应用中也获得了广泛好评。海外科技媒体 Ars Technica 的编辑团队曾对 DeepSeek-R1、OpenAI-o1、OpenAI-o1-Pro 等模型提出关于创意写作、数学等方面的一系列问题，并评测这些模型给出的结果。基于正确性、主观质量等因素，团队最终评测出的结果为：DeepSeek-R1 给出了更优回复。

2．技术突破解决瓶颈

DeepSeek-R1 的核心技术特色在于它是在后训练阶段使用强化学习，让大参数模型获得推理能力。此前业内主流方向为通过过程奖励模型（PRM）、蒙特卡洛树搜索（MCTS）等进行模型训练，让模型获得"深度思考"的能力。这一过程需要大量数据的支持。而 DeepSeek-R1 在训练过程中跳过了指令优化的监督微调阶段，通过强化学习得到基础模型，并通过结合准确性奖励和格式奖励引导模型生成推理轨迹、获得推理能力。

DeepSeek-R1 的成功指出了一条不依赖大量训练数据获得更优模型的技术路线，解决了业内长期存在的"提升模型性能需大幅提升训练数据量"的瓶颈。

3．全面开源便于体验

DeepSeek 采用开源策略，在降低用户使用门槛的同时也为开发者社区、科研机构等的探索、协作提供了便利。相较于闭源且收费的 OpenAI-o1，开源且免费的 DeepSeek 吸引了海内外开发者的广泛关注，获得了海外 AI 领域的认可。DeepSeek

成为海内外用户体验 AI 的理想应用，用户数量大幅增长。根据 QuestMobile 公布的数据，DeepSeek 日活跃用户数在 2025 年 2 月 1 日达到 3000 万，成为史上最快达成这一里程碑的应用。

　　得益于以上 3 方面的优势，DeepSeek 迅速出圈，成为 AI 领域的佼佼者。未来，随着技术的进一步突破，DeepSeek 有望在全球范围内产生更大的影响力。

1.2　能力矩阵的三维突破

　　DeepSeek 具备三大模式：基础模式、联网搜索模式、深度思考模式。这三大模式分别对应了 DeepSeek 在不同层次上的技术能力和应用场景，共同构成了其强大的技术体系和服务能力。

1.2.1　基础模式：认知效率的范式革命

　　基础模式下，DeepSeek 基于通用模型 DeepSeek-V3 运作，专注于为用户提供高效、准确的日常问答服务。无论是生活中的琐碎问题，还是学习工作中的简单需求，基础模式下的 DeepSeek 都能高效满足用户需求。

　　基础模式下的 DeepSeek 具有以下四大特点。

1. 高效的响应能力

　　无论是查询天气、获取新闻摘要，还是翻译语言、计算数据，DeepSeek 都能够在短时间内提供准确答案。这种即时性得益于 DeepSeek 在算法优化和模型训练上的深厚积累。通过高效的并行计算和分布式处理技术，DeepSeek 能够同时处理大量用户请求，并在毫秒级时间内完成响应。

　　例如，当用户询问"三亚冬天的气温如何"时，DeepSeek 能够迅速从海量数据中提取相关信息，并生成简洁明了的答案，如图 1-2 所示。这种高效性反映了 DeepSeek 在日常应用中的出色表现，给用户带来良好的体验。

三亚冬天的气温如何

三亚位于中国海南岛的最南端，属于热带海洋性气候。冬季时，三亚的气温相对温暖，通常不会像中国北方那样寒冷。一般来说，三亚冬季的平均气温在18℃到25℃之间，白天温暖，夜晚稍凉。这样的气候使得三亚成为中国冬季热门的旅游目的地，尤其是对于那些希望逃避北方严寒的游客。不过，具体的天气情况可能会因年份和具体时间而有所不同，建议出行前查看最新的天气预报。

图1-2　DeepSeek 针对"三亚冬天的气温如何"给出的答案

2. 广泛的知识覆盖范围

无论是科学、历史、文化，还是技术、娱乐、生活，DeepSeek 都能够提供相关的信息。这得益于 DeepSeek 在知识图谱和自然语言处理技术上的深入研究。通过构建大规模的知识库和语义理解模型，DeepSeek 能够准确理解用户的问题，并从多维度提供相关信息。

例如，当用户询问"什么是量子计算"时，DeepSeek 不仅能够提供基本定义，还可以补充相关的应用优势和发展阶段，如图 1-3 所示。这种全面的知识覆盖使DeepSeek 能够满足用户多样化的需求。

什么是量子计算

量子计算是一种遵循量子力学规律调控量子信息单元进行计算的新型计算模式。它与传统的经典计算模式有着根本的不同。经典计算使用比特（bit）作为信息的基本单位，每个比特处于0或1的确定状态。而量子计算使用量子比特（qubit），量子比特可以同时处于0和1的叠加态，这种现象称为量子叠加。

此外，量子计算还利用了量子纠缠和量子干涉等量子力学现象。量子纠缠允许量子比特之间存在一种特殊的关联，即使它们相隔很远，一个量子比特的状态改变也会立即影响到另一个量子比特的状态。量子干涉则可以用来增强正确的计算路径的概率，同时减少错误路径的概率。

量子计算的这些特性使得它在处理某些特定类型的问题时，如大整数分解、搜索算法和模拟量子系统等，可能远远超过经典计算机的能力。例如，著名的Shor算法可以在量子计算机上有效地分解大整数，这对于现有的加密技术构成了潜在威胁。另一个例子是Grover搜索算法，它可以在未排序的数据库中进行平方根次数的搜索，比经典算法快得多。

然而，量子计算技术目前仍处于研究和开发阶段，面临着许多技术挑战，如量子比特的稳定性（量子相干性）、错误率控制和量子算法的设计等。尽管如此，量子计算的潜力已经引起了学术界和产业界的广泛关注，被认为是未来计算技术的一个重要方向。

图1-3　DeepSeek 针对"什么是量子计算"给出的答案

3. 提供精准答案

在日常问答场景中，用户往往希望快速获取简洁明了的答案。DeepSeek 通过优化答案生成算法，能够将复杂的信息提炼成简洁、易懂的语言。例如，当用户询问"如何煮鸡蛋"时，DeepSeek 会直接提供清晰的步骤说明，如图 1-4 所示。这种精准的答案生成能力使得 DeepSeek 在日常应用中更加实用。

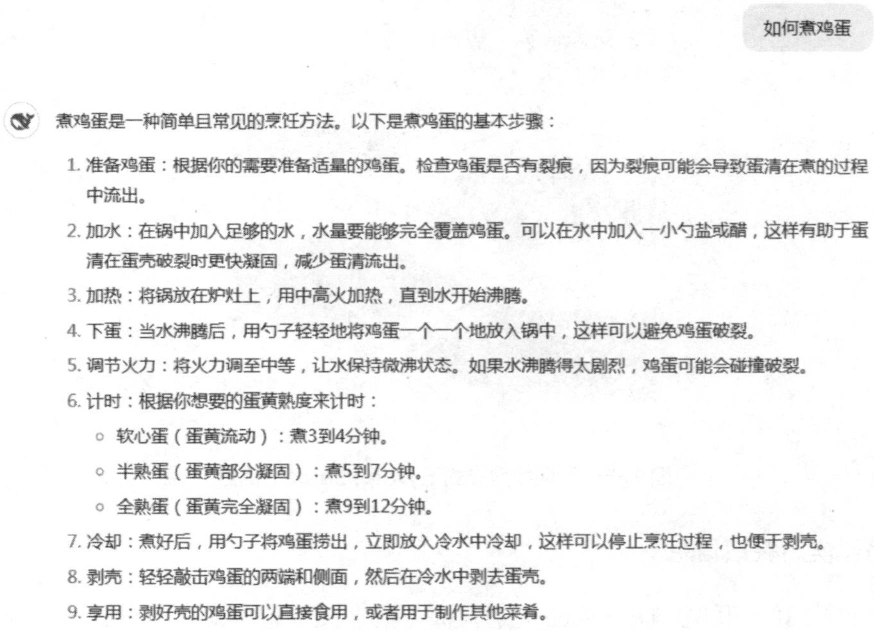

如何煮鸡蛋

煮鸡蛋是一种简单且常见的烹饪方法。以下是煮鸡蛋的基本步骤：

1. 准备鸡蛋：根据你的需要准备适量的鸡蛋。检查鸡蛋是否有裂痕，因为裂痕可能会导致蛋清在煮的过程中流出。
2. 加水：在锅中加入足够的水，水量要能够完全覆盖鸡蛋。可以在水中加入一小勺盐或醋，这样有助于蛋清在蛋壳破裂时更快凝固，减少蛋清流出。
3. 加热：将锅放在炉灶上，用中高火加热，直到水开始沸腾。
4. 下蛋：当水沸腾后，用勺子轻轻地将鸡蛋一个一个地放入锅中，这样可以避免鸡蛋破裂。
5. 调节火力：将火力调至中等，让水保持微沸状态。如果水沸腾得太剧烈，鸡蛋可能会碰撞破裂。
6. 计时：根据你想要的蛋黄熟度来计时：
   ○ 软心蛋（蛋黄流动）：煮 3 到 4 分钟。
   ○ 半熟蛋（蛋黄部分凝固）：煮 5 到 7 分钟。
   ○ 全熟蛋（蛋黄完全凝固）：煮 9 到 12 分钟。
7. 冷却：煮好后，用勺子将鸡蛋捞出，立即放入冷水中冷却，这样可以停止烹饪过程，也便于剥壳。
8. 剥壳：轻轻敲击鸡蛋的两端和侧面，然后在冷水中剥去蛋壳。
9. 享用：剥好壳的鸡蛋可以直接食用，或者用于制作其他菜肴。

图 1-4　DeepSeek 针对"如何煮鸡蛋"给出的答案

4. 多语言支持

DeepSeek 还具备强大的多语言支持能力，能够为全球用户提供服务。无论是中文、英文，还是其他主流语言，DeepSeek 都能够准确理解用户的问题，并提供相应的答案。这种多语言能力不仅扩大了 DeepSeek 的用户群体，也使其成为跨文化交流中的重要工具。

基于以上优势，基础模式下的 DeepSeek 可以作为一款"日常问答神器"，为用户获取信息且提供帮助。

1.2.2 联网搜索模式：实时信息整合引擎

联网搜索模式下的 DeepSeek 通过结合 AI 技术与互联网实时数据，为用户提供高效、精准的信息检索服务。这种模式下的 DeepSeek 具备更多优势，如图 1-5 所示。

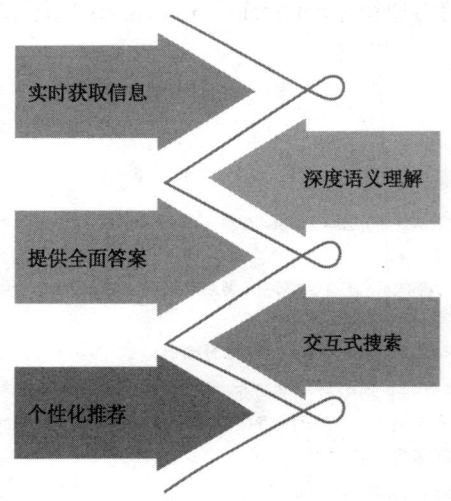

图 1-5　联网搜索模式下 DeepSeek 的优势

1．实时获取信息

通过连接互联网，DeepSeek 能够从海量的在线资源中提取最新数据，确保用户获取的信息是最新、最准确的。例如，当用户查询某地的最新消费数据时，DeepSeek 能够实时抓取相关数据并生成简洁明了的答案。这种实时性解决了传统搜索引擎的信息滞后问题，使用户能够随时掌握动态变化的信息。

2．深度语义理解

与传统搜索引擎依赖关键词匹配不同，DeepSeek 通过自然语言处理技术，能够深入理解用户的查询意图。例如，当用户输入"附近有什么好吃的餐厅？"时，DeepSeek 不仅会列出餐厅名称，还会结合用户的地理位置、口味偏好和评价信息，提供合适的推荐结果。这使得搜索结果更加精准，还提升了用户体验。

3．提供全面答案

DeepSeek 能够根据多个来源整合信息，为用户提供全面的、多维度的答案。例如，当用户查询某部电影的评价时，DeepSeek 不仅会展示专业影评，还会整合社交媒体上的用户评论、票房数据和相关新闻，帮助用户全面了解这部电影。可以说，DeepSeek 在信息检索的深度和广度上都超越了传统搜索引擎。

4．交互式搜索

DeepSeek 还支持交互式搜索，支持用户通过多轮对话逐步细化需求，获得更加精准的结果。例如，当用户第一次查询"如何学习编程？"时，DeepSeek 会提供基础的学习路径。如果用户进一步询问"适合初学者的 Python 教程"，DeepSeek 会根据上下文调整搜索结果，推荐适合初学者的资源。这使得信息获取更加灵活和高效。

5．个性化推荐

DeepSeek 能够根据用户的历史搜索记录、兴趣爱好和行为习惯等，提供个性化的搜索结果。例如，对于经常搜索科技新闻的用户，DeepSeek 会优先展示相关领域的最新动态；而对于喜欢旅行的用户，则会推荐热门目的地和旅行攻略。这能够为用户打造专属的搜索体验。

联网搜索模式下，DeepSeek 不仅能够快速获取信息，还能理解用户意图，提供更加智能化和个性化的搜索结果，实现了从"搜索工具"到"智能助手"的跨越。

1.2.3　深度思考模式：复杂决策支持系统

深度思考模式下的 DeepSeek 基于推理模型 DeepSeek-R1 运行，具备更强的深度思考与推理能力，专注于复杂问题的推理和创造性思考。

深度思考模式下，DeepSeek 的核心能力之一是解决复杂问题。无论是科学研究、商业决策，还是技术开发，DeepSeek 都能够通过多维度分析和深度推理提供全面的解决方案。例如，在医疗领域，DeepSeek 可以分析复杂的病例数据，结合患者的病史、基因信息和治疗方案，提出个性化的治疗建议。

同时，与传统人工智能局限于模仿和重复不同，深度思考模式下的 DeepSeek 具备一定的创造性思维能力。它能够通过学习和推理生成新的想法、设计方案或解决方案。例如，在设计领域，DeepSeek 可以根据用户的需求和偏好，生成独特的产品设计方案；在内容创作领域，它能够创作文章、诗歌和音乐。这不仅拓展了 AI 的应用边界，也为用户提供了更多灵感。

深度思考模式下，DeepSeek 的一个显著特点是其具备跨学科整合能力。它能够将不同领域的知识进行融合，解决跨学科的复杂问题。例如，在环境保护方面，DeepSeek 可以结合气候学、经济学和社会学等多学科知识，提出可持续发展的解决方案。这种跨学科整合能力使得 DeepSeek 在解决复杂问题时更加得心应手。

此外，深度思考模式下的 DeepSeek 还具备持续学习和优化的能力。它能够通过与环境的交互和用户的反馈，不断改进自身的推理能力和解决方案。例如，在科学研究中，DeepSeek 可以根据实验数据不断调整假设和模型，从而加速科学发现的过程。基于这一能力，DeepSeek 能够适应快速变化的环境和需求。

通过这种"脑力全开"的深度思考模式，DeepSeek 不仅能够解决以往 AI 难以解决的复杂任务，还能够生成创新的解决方案，推动科学、技术的发展和社会的进步。

1.3　拨开迷雾：DeepSeek 真相

AI 浪潮中，DeepSeek 热度居高不下。其不只是一种底层创新，还凭借低成本、高性能的优势展现出巨大应用潜力。伴随着 DeepSeek 的发展，AGI 也将加速到来。

1.3.1　DeepSeek 的训练成本之谜

DeepSeek 的亮点在于成本创新，以低成本训练打造了高性能模型。之所以能够实现低成本，主要得益于 DeepSeek 在模型架构、训练方法等方面的创新。

1. MoE 架构

传统大模型架构通常使用单一的神经网络结构，计算资源消耗较大。而 DeepSeek 采用的 MoE 架构在数据流转过程中设计了一个专家网络层，通过使用更细粒度的专家、设置共享专家等，避免了专家间的知识冗余，从而降低了计算资源的消耗。MoE 架构可根据需求动态选择专家网络，减少不必要的计算，进而降低训练成本。

2. MLA（Multi-head Latent Attention，多头潜在注意力）机制

传统的多头注意力、分组查询注意力等注意力机制在推理过程中需要较大的 KV（Key Value，键值）缓存，增加了计算成本。而 DeepSeek 的 MLA 机制能够实现 KV 压缩，降低训练中的 KV 缓存成本。这使得推理中的内存占用和计算成本降低，降低了训练成本。

3. FP8 训练

传统训练方法通常采用高精度的 FP16（16 位浮点数）或 FP32（32 位浮点数）进行训练，计算资源消耗较大。而 DeepSeek 采用的 FP8（8 位浮点数）训练是一种低精度训练方式，降低了资源消耗，在保证模型性能的同时显著降低了训练成本。

通过以上几方面的技术创新，DeepSeek 不仅降低了模型的训练成本和推理成本，同时保持了与顶尖模型相当的性能。这大幅提升了 DeepSeek 在 AI 领域的竞争力。

1.3.2　DeepSeek 不只是底层创新

DeepSeek 不仅在架构、技术等方面实现了底层创新，还在多个层面上展现出独特的价值。

首先，DeepSeek 建立了完善的商业模式。它支持商用，允许用户在遵守开源

协议的基础上将 DeepSeek 集成到自己的产品中。DeepSeek 制订了灵活的收费策略，满足用户的不同需求。例如，针对 API（Application Programming Interface，应用程序编程接口）调用，DeepSeek 支持按输入 tokens（词元）和输出 tokens 计费，价格亲民。

针对普通用户，除了免费使用模式，DeepSeek 还推出了订阅制收费模式，用户可以根据需求按月或按年订阅，长期订阅可以享受一定的折扣。

其次，DeepSeek 的商业模式为广大开发者和企业提供了新机会。开发者可以借助 DeepSeek 的 AI 能力快速开发出具有竞争力的 AI 产品，并借此实现盈利。企业也可以接入 DeepSeek，构建自己的智能客服系统、数据分析工具等，加速 AI 转型。同时，DeepSeek 开发了针对金融、医疗等不同领域的定制化解决方案，帮助这些领域降本增效。企业可以引入相关解决方案，优化自身运作，迭代产品和服务，提高竞争力。

最后，DeepSeek 不仅提供技术和解决方案，还致力于构建开放的 AI 生态系统。其打造了开发者社区和 API 市场，鼓励广大开发者进行技术交流与合作，并基于 DeepSeek 技术架构开发新应用，构建丰富的应用生态。这不仅降低了 DeepSeek 的开发成本，也创造了新的盈利点。

总之，DeepSeek 不仅实现了底层创新，还打造了完善的运作模式，推动了 AI 技术进步，对各行业乃至社会的发展产生深远影响。长远来看，DeepSeek 将成为引领未来发展的重要力量。

1.3.3　AGI 加速引擎——DeepSeek

在 AI 发展进程中，DeepSeek 的出现为 AGI 的发展注入了新的活力，成为驱动 AGI 实现的强大引擎。DeepSeek 从哪些方面加速了 AGI 的发展进程？

DeepSeek 在技术创新层面的突破为 AGI 发展筑牢根基。其研发团队对深度学习算法进行持续钻研，在模型架构上大胆革新。例如，其对传统的 Transformer 架构进行了创新，在注意力机制的优化上取得显著成果，能更高效地处理长序列数据，提升了模型对复杂信息的理解与整合能力。这使得 AI 不再局限于单一领域的简单任务，而是能够在多领域知识融合的复杂任务中表现出色，为 AGI 所需的

通用智能能力提供了技术支撑。

应用拓展是 DeepSeek 推动 AGI 发展的重要途径。除了在搜索、推荐、翻译、问答等多个方面为用户提供智能化服务，DeepSeek 还能够全方位赋能知识服务业、数字营销业等行业，提供企业级的智能化解决方案，推动 AI 解决方案的创新与落地。这不仅让 AI 技术在实践中得到锤炼，还积累了大量数据和实践经验，为 AI 朝着更通用、更智能的 AGI 方向发展提供了充足的"养分"。

此外，DeepSeek 积极搭建开放的 AI 生态系统，通过技术与模型开源，吸引全球开发者、研究机构和企业等参与其中。这促进了多元化 AI 应用的出现，拓展了 AI 的应用边界。不同背景的参与者带来多元的思维和创新理念，在这个开放生态中相互碰撞、融合，加速了技术的迭代更新。这种协同创新的生态环境极大地推动了 AI 技术的发展进程，促使 AI 技术不断向 AGI 的目标靠近。

凭借在多个方面的积极探索与所获得的显著成果，DeepSeek 成为推动 AGI 发展的重要力量。相信随着 DeepSeek 的持续发展，AGI 时代将加速到来。

1.3.4　实战：开始第一个 DeepSeek 探索

DeepSeek 具有强大的实用价值，我们应怎样借助 DeepSeek 更好地完成任务呢？例如，许多自媒体人过去往往绞尽脑汁地想文案，而 DeepSeek 能够帮助自媒体人高效地生成合适的文案，大幅提高工作效率。

具体而言，用户怎样借助 DeepSeek 生成自媒体文案？步骤如图 1-6 所示。

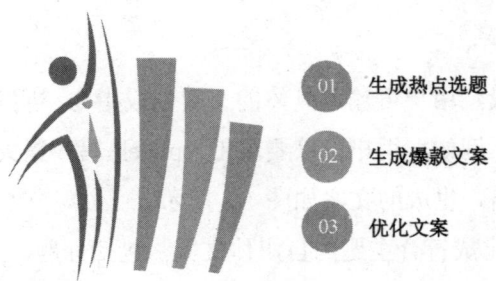

图 1-6　借助 DeepSeek 生成自媒体文案的步骤

1. 生成热点选题

在选题阶段，用户可以借助 DeepSeek 搜索与创作方向相关的关键词，获取热点选题。例如，用户以"职场干货"为创作方向，可以让 DeepSeek 推荐相关方向的高流量选题，如图 1-7 所示。

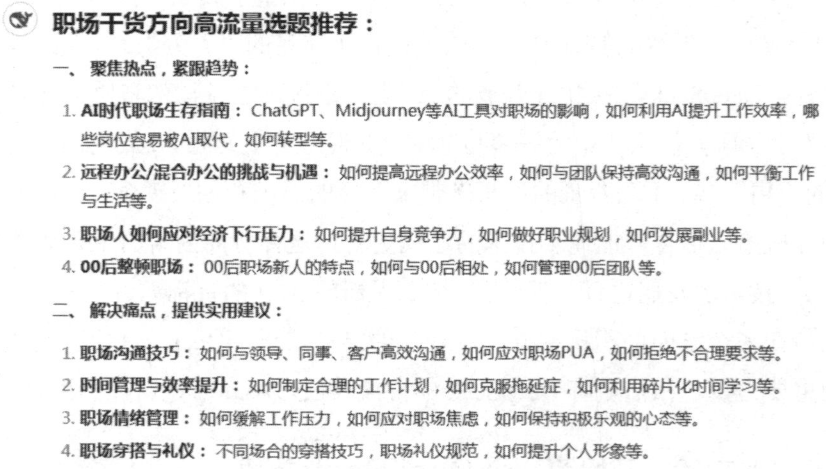

职场干货方向高流量选题推荐：

一、 **聚焦热点，紧跟趋势：**

1. **AI时代职场生存指南：** ChatGPT、Midjourney等AI工具对职场的影响，如何利用AI提升工作效率，哪些岗位容易被AI取代，如何转型等。
2. **远程办公/混合办公的挑战与机遇：** 如何提高远程办公效率，如何与团队保持高效沟通，如何平衡工作与生活等。
3. **职场人如何应对经济下行压力：** 如何提升自身竞争力，如何做好职业规划，如何发展副业等。
4. **00后整顿职场：** 00后职场新人的特点，如何与00后相处，如何管理00后团队等。

二、 **解决痛点，提供实用建议：**

1. **职场沟通技巧：** 如何与领导、同事、客户高效沟通，如何应对职场PUA，如何拒绝不合理要求等。
2. **时间管理与效率提升：** 如何制定合理的工作计划，如何克服拖延症，如何利用碎片化时间学习等。
3. **职场情绪管理：** 如何缓解工作压力，如何应对职场焦虑，如何保持积极乐观的心态等。
4. **职场穿搭与礼仪：** 不同场合的穿搭技巧，职场礼仪规范，如何提升个人形象等。

图1-7 DeepSeek 自媒体选题推荐

DeepSeek 会根据用户的需求，自动推荐当下高流量选题，如"AI 时代职场生存指南""00 后整顿职场"等。在有了多样的选题后，用户即可根据自媒体内容规划、当下热点等选择合适的选题。

2. 生成爆款文案

在文案生成阶段，用户可输入具体的文案生成指令，明确文案主题、针对的群体、内容要求等。例如，用户可以要求 DeepSeek 写一篇关于"AI 时代职场生存指南"的职场攻略，生成的文案如图 1-8 所示。

DeepSeek 能够生成符合主题的自媒体文案，包括标题、开头、主要内容、结尾等，并在最后给出"你认为 AI 时代，哪些职业最容易被取代？欢迎在评论区分享你的观点。"的互动话题，内容十分全面。

3．优化文案

用户还可以进一步提出要求，对 DeepSeek 生成的文案进行优化，如提出在文案中加入个人故事、将文案改为轻松活泼的叙述风格等要求。DeepSeek 能够根据用户的要求进一步细化调整文案，使文案更符合用户的要求，如图 1-9 所示。

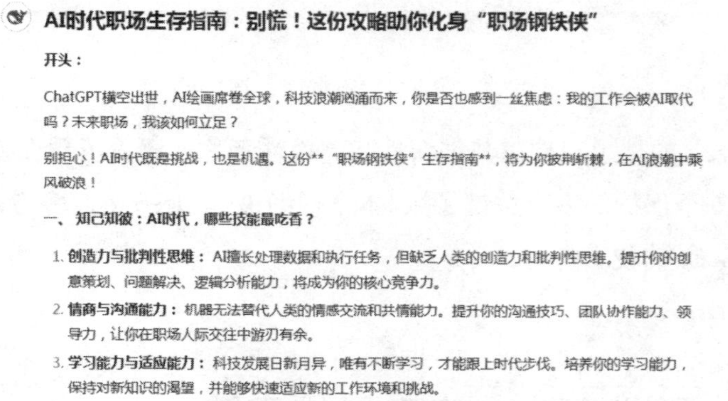

AI时代职场生存指南：别慌！这份攻略助你化身"职场钢铁侠"

开头：

ChatGPT横空出世，AI绘画席卷全球，科技浪潮汹涌而来，你是否也感到一丝焦虑：我的工作会被AI取代吗？未来职场，我该如何立足？

别担心！AI时代既是挑战，也是机遇。这份**"职场钢铁侠"生存指南**，将为你披荆斩棘，在AI浪潮中乘风破浪！

一、知己知彼：AI时代，哪些技能最吃香？

1．**创造力与批判性思维：**AI擅长处理数据和执行任务，但缺乏人类的创造力和批判性思维。提升你的创意策划、问题解决、逻辑分析能力，将成为你的核心竞争力。

2．**情商与沟通能力：**机器无法替代人类的情感交流和共情能力。提升你的沟通技巧、团队协作能力、领导力，让你在职场人际交往中游刃有余。

3．**学习能力与适应能力：**科技发展日新月异，唯有不断学习，才能跟上时代步伐。培养你的学习能力，保持对新知识的渴望，并能够快速适应新的工作环境和挑战。

图 1-8　DeepSeek 生成的自媒体文案

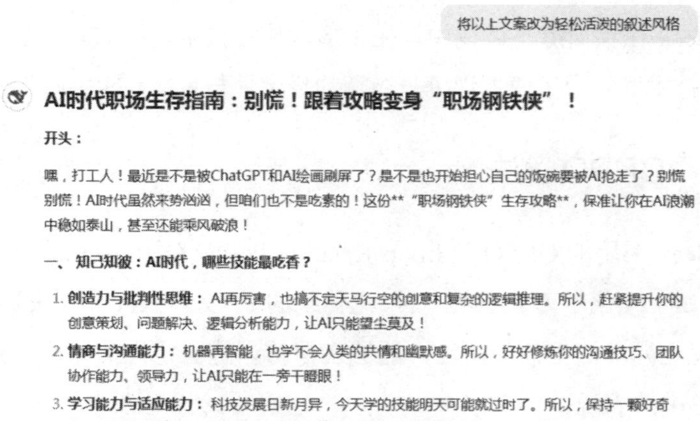

将以上文案改为轻松活泼的叙述风格

AI时代职场生存指南：别慌！跟着攻略变身"职场钢铁侠"！

开头：

嘿，打工人！最近是不是被ChatGPT和AI绘画刷屏了？是不是也开始担心自己的饭碗要被AI抢走了？别慌别慌！AI时代虽然来势汹汹，但咱们也不是吃素的！这份**"职场钢铁侠"生存攻略**，保准让你在AI浪潮中稳如泰山，甚至还能乘风破浪！

一、知己知彼：AI时代，哪些技能最吃香？

1．**创造力与批判性思维：**AI再厉害，也搞不定天马行空的创意和复杂的逻辑推理。所以，赶紧提升你的创意策划、问题解决、逻辑分析能力，让AI只能望尘莫及！

2．**情商与沟通能力：**机器再智能，也学不会人类的共情和幽默感。所以，好好修炼你的沟通技巧、团队协作能力、领导力，让AI只能在一旁干瞪眼！

3．**学习能力与适应能力：**科技发展日新月异，今天学的技能明天可能就过时了。所以，保持一颗好奇心，不断学习新知识，快速适应新环境，让AI永远追不上你的脚步！

图 1-9　DeepSeek 根据用户要求调整文案

除了生成自媒体文案，DeepSeek 还可以辅助用户完成多项任务，如写小说、写广告和总结文章大纲等。用户可以根据自己的需求，进行多样化的 DeepSeek 探索。

第 2 章
技术架构：工业级 AI 基础设施

DeepSeek 的技术架构以其创新性和高效性著称，涵盖了预训练/微调、推理、数据处理、安全保护等多个关键领域。本章详细讲解 DeepSeek 多方面的技术创新，展示 DeepSeek 的技术魅力。

2.1 预训练技术的工程化实践

DeepSeek 在预训练与微调中运用了多项核心技术，如 GRPO 算法、纯强化学习等。这些技术既提升了模型训练与微调的稳定性与效率，同时又降低了训练成本。

2.1.1 GRPO 算法

DeepSeek 采用的 GRPO（Group Relative Policy Optimization，群组相对策略优化）算法属于强化学习算法的一种，比传统的 PPO（Proximal Policy Optimization，近端策略优化）算法更具创新性，能够在保持训练稳定性的同时，提升模型在复杂推理任务中的表现。

PPO 算法是语言模型强化学习微调的主流算法，通过裁剪机制限制策略更新幅度，防止策略发生破坏性变化。但这一算法通常会带来较高的内存占用和计算开销。GRPO 算法采用群组采样实现高效、稳定的优势估计，并通过强化奖励的惩罚机制实现更平稳的策略更新，更适用于大规模语言模型的微调。

GRPO 算法的核心机制如图 2-1 所示。

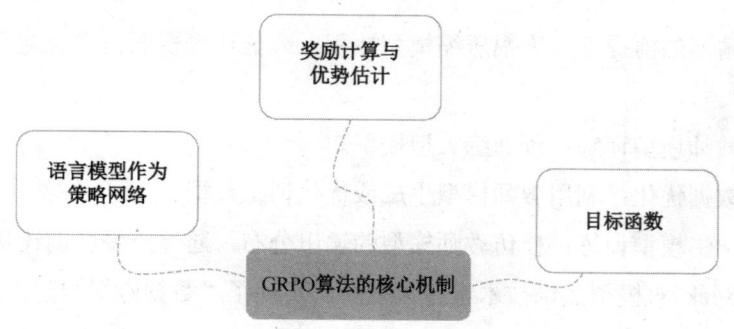

图 2-1　GRPO 算法的核心机制

（1）语言模型作为策略网络。在 GRPO 算法中，语言模型作为策略网络，将问题作为输入，输出一系列 tokens。基于语言模型的自回归特性，tokens 生成具有序列性，新的 tokens 的生成依赖此前的序列，同时语言模型会对上下文信息进行维护。

（2）奖励计算与优势估计。GRPO 算法无须价值网络，通过群组奖励归一化来估计优势值。优势估计步骤如下：首先，进行群组采样，对不同问题用旧策略分别生成输出序列；接着，计算这些序列的累积奖励；最后，对群组内奖励归一化，将最后的奖励作为优势函数估计值。

（3）目标函数。对于不同问题，GRPO 算法从旧策略中选择一组输出，通过最大化目标函数优化策略模型。目标函数综合了策略梯度项、裁剪项和 KL 散度惩罚项。策略梯度项鼓励生成高奖励动作序列，裁剪项限制策略更新幅度，KL散度惩罚项保证训练稳定性。

DeepSeek 系列模型中的 DeepSeek-Math、DeepSeek-R1 都采用了 GRPO 算法，它们的数学推理能力、问题解决能力得以提升，超越了许多其他大型语言模型。其中，通过 GRPO 训练，DeepSeek-Math 具备了更强的数学问题解决能力，而DeepSeek-R1 解决任务的能力大幅提升，具备更强的阅读理解与逻辑推理能力。

2.1.2　模型蒸馏

模型蒸馏是一种实现大模型知识迁移的技术，是将大模型（教师模型）的知识传递给小模型（学生模型），实现性能与效率的平衡。模型蒸馏的核心目标在于

在保持高精度的前提下,大幅压缩模型体积、降低计算资源需求。通常包括以下几个步骤:

（1）教师模型训练:预训练大型模型。

（2）数据优化:利用教师模型生成或优化训练数据。

（3）学生模型训练:模仿教师模型的输出分布,通过监督微调迁移知识。

DeepSeek 对模型蒸馏技术进行了创新,实现了"数据蒸馏+模型蒸馏"的融合。这不仅提升了模型性能,也降低了计算成本。

其中,数据蒸馏通过教师模型生成高质量、多样化的训练样本,解决传统蒸馏中数据代表性不足的问题。模型蒸馏采用监督微调方式,直接对齐教师—学生模型的输出分布,提高知识迁移效率。两种技术的结合使得模型性能大幅提升,同时降低了对计算资源的需求,让模型在资源受限的环境中也可以被部署。

同时,DeepSeek 采用了高效的知识迁移策略,如基于特征蒸馏、基于特定任务蒸馏等。基于特征蒸馏是传递教师模型的特征信息给学生模型,让学生模型捕捉本质特征;基于特定任务蒸馏是针对不同任务,如机器翻译、文本生成等,优化蒸馏过程。这使得模型在多个基准测试中表现优异,性能接近甚至超越原始大型模型。

在实践过程中,DeepSeek 以 671B 参数、具备强大性能的 DeepSeek-R1 为教师模型,学生模型基于 Qwen 和 Llama 系列架构。在架构设计中,DeepSeek 的蒸馏模型实现了层次化特征提取,教师模型以多层特征表示传递丰富的数据信息,而学生模型能够更好地理解数据。同时,DeepSeek 的蒸馏模型融入了多任务适应性机制,使学生模型能够根据任务灵活调整参数,适应更多任务的需求。

在模型训练过程中,DeepSeek 通过监督微调实现知识迁移。学生模型学习教师模型的输出分布,实现更强的模型性能。此外,DeepSeek 还通过温度参数调整、动态学习率调整、正则化技术等对训练过程进行了优化。

通过以上训练与优化,DeepSeek 的蒸馏模型在保证性能的同时,拥有了更强的适应性。例如,DeepSeek-R1-Distill-Qwen-7B 的参数仅为 7B,计算复杂度大幅降低;相比原始模型,DeepSeek-R1-Distill-Llama-8B 的内存占用大幅缩减,在提升推理速度的同时也更利于部署。

通过在蒸馏模型方面的探索，DeepSeek 打造了丰富的模型，为资源受限场景的轻量级模型部署提供有力支持。

2.1.3　纯强化学习

纯强化学习是一种机器学习方式，强调模型通过与环境进行交互，根据环境反馈的奖励信号不断调整自身行为，以最大化累积奖励。在这种学习方式下，模型无须预先获取大量的标注数据进行学习，而是在不断试错中逐渐优化自身策略。

在纯强化学习方面，DeepSeek 进行了积极探索。其先在 DeepSeek-R1-Zero 模型中进行了实验，摒弃了传统的监督式微调环节，以纯强化学习训练模型。最终发现，在这种模式下，模型可以通过持续的自我进化提升性能。

随后，DeepSeek 持续推进对 DeepSeek-R1 的研发，并理顺了纯强化学习的训练流程，如图 2-2 所示。

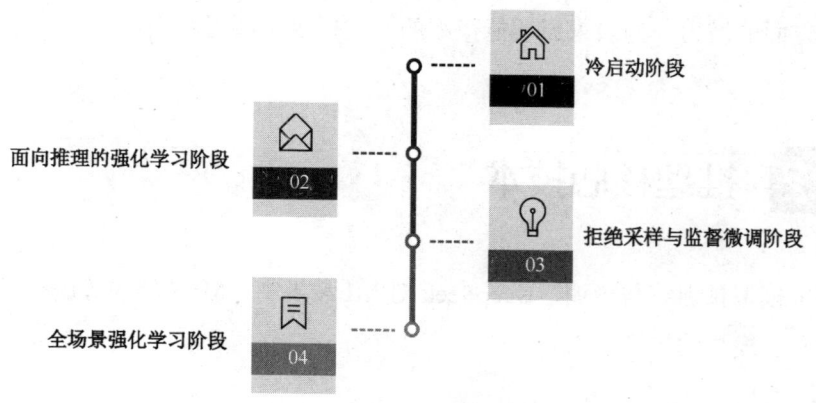

图 2-2　纯强化学习的训练流程

1．冷启动阶段

DeepSeek 收集了丰富的高质量样本用于模型初步微调，包括 DeepSeek-R1-Zero 的优质输出内容、复杂推理案例等，为后续的强化学习奠定基础。

2．面向推理的强化学习阶段

这一阶段继承并改进了 DeepSeek-R1-Zero 的训练框架，引入语言一致性奖励以解决模型推理时语言混用问题。同时，DeepSeek 对数学和编程等推理密集型任务进行了优化，提升了模型在专业领域的表现。

3．拒绝采样与监督微调阶段

在这一阶段，DeepSeek 利用经过训练的强化学习模型生成训练数据，并从中筛选答案正确、推理过程清晰的样本，以高质量样本持续提升模型的推理能力。同时在这个阶段，模型训练范围扩展到写作、问答等更广泛的领域。

4．全场景强化学习阶段

在这一阶段，DeepSeek 将不同类型的奖励机制进行结合。结构化任务搭配基于规则的明确奖励机制，而主观任务搭配基于模型的评估奖励机制。这进一步提升了模型的推理能力。

通过对纯强化学习技术的探索，DeepSeek 展示了强化学习在驱动模型自主学习进化方面的潜力，为未来更智能模型的开发提供了新思路。

2.2 推理核心技术

除了模型预训练与微调，DeepSeek 对 MLA 机制、MoE 架构等进行了探索，大幅提升了模型的推理能力。

2.2.1 MLA 机制

MLA 机制是 DeepSeek 模型架构中的一项核心技术，旨在降低长文本推理成本并提升模型效率。其核心思想是通过引入潜在向量和低秩矩阵分解，优化 KV 缓存的计算和存储方式，从而在不牺牲模型质量的前提下，大幅减少推理阶段的计算开销。

与传统注意力机制相比，MLA 机制具有以下显著优势：

（1）降低 KV 缓存开销。MLA 机制通过缓存潜在向量而非完整的键值向量，大幅减少 KV 缓存，降低了长文本推理的内存需求。

（2）提升推理效率。MLA 机制的优化设计使推理阶段的浮点运算量有效减少，从而加快了推理速度。

（3）保持模型质量。与多查询优化方法不同，MLA 机制在不降低模型质量的前提下实现了性能提升，避免了传统方法中的质量损失。

凭借 MLA 机制，DeepSeek 得以对模型性能进行优化。首先，MLA 的缓存机制在长文本问答任务中表现突出，准确率较高。这种优化使 DeepSeek 能够高效处理长序列输入，如文档问答和长文本生成任务。其次，MLA 机制处理速度极快，能够满足实时交互的需求。这种高效性使得 DeepSeek 在对话系统和虚拟助手中表现出色。再次，MLA 在代码生成和调试任务中表现出色，支持丰富的编程语言和长文本上下文处理。这种能力使得 DeepSeek 在编程辅助工具中具有广泛的应用潜力。最后，MLA 机制显著降低了训练和推理成本。例如，DeepSeek-V3 的训练成本仅为 557.6 万美元，远低于同类模型。这种低成本优势使得 DeepSeek 在商业化应用中更具竞争力。

MLA 机制在长文本处理、实时对话系统和代码生成等场景中展现了强大的应用潜力，为模型的效率优化提供了新的思路。未来，随着 DeepSeek 对这一技术的探索的持续深入，其在多模态任务和轻量级部署中的应用前景将更加广阔。

2.2.2　MoE 架构

DeepSeek 采用了 MoE 架构，为了更好地将 MoE 架构与大模型体系结合，其对 MoE 架构进行了创新。

1. "细粒度专家+共享专家"的融合

传统 MoE 架构通常采用少量"大专家"结构，而 DeepSeek 采用了大量极小的专家结构，并结合共享专家的设计。

（1）细粒度专家：通过使用大量小型专家，模型能够更精细地捕捉不同领域的知识，提升模型的表达能力。

（2）共享专家：共享专家始终被路由到，负责处理通用信息，而路由专家则专注于特定领域的任务。

这种设计避免了传统 MoE 架构中专家能力分散的问题。

2. 无辅助损耗负载均衡策略

传统 MoE 架构通常依赖辅助损失函数实现负载均衡，即强制每个专家在训练批次中被激活的次数大致相等。这种方法存在一些问题：一方面，强制平衡路由会导致同领域的知识分散到不同专家中，降低模型性能；另一方面，理想情况下，MoE 架构应有一些高频访问的通用专家和一些低频访问的专业专家，但强制平衡路由会破坏这种灵活性。

DeepSeek 采用了无辅助损耗负载均衡策略来解决这些问题。一是动态调整偏差项。在路由机制中引入特定于专家的偏差项，这些偏差项不通过梯度下降更新，而是在训练过程中动态调整。如果某个专家的命中次数不足，系统会微调偏差项以增加其命中概率。二是共享专家与路由专家的分工。共享专家始终被路由到，确保通用信息的处理；路由专家则通过动态调整实现负载均衡，避免过度分散。

通过上述创新设计，DeepSeek-V3 在训练过程中表现出色：

（1）负载均衡效果。动态调整偏差项的方法使得路由专家的负载分配更加合理，避免了传统辅助损失函数带来的性能损失问题。

（2）模型性能提升。与依赖辅助损失的模型相比，DeepSeek-V3 在训练稳定性和任务表现上均有显著提升。

DeepSeek 通过以上技术创新，克服了传统 MoE 架构的训练难题。这为 MoE 架构在大模型中的应用提供了新思路。未来，随着这些技术的进一步优化，DeepSeek 有望在更多复杂任务中展现其强大的潜力。

2.2.3 多令牌预测机制

DeepSeek 的多令牌预测机制（Multi-Token Prediction，MTP）也是其模型架构中的一项关键技术，能够通过同时预测多个未来令牌（token）来提升模型的训练效率和生成能力。

多令牌预测的核心思想是在每个时间步同时预测多个未来的令牌，而不是传统的单令牌预测。这种机制通过引入额外的训练目标和模块，使模型能够更好地利用上下文信息，从而提高数据利用效率和生成质量。

例如，DeepSeek-V3 的 MTP 模块包括共享的嵌入层、共享的输出头、Transformer 块和投影矩阵。每个模块负责预测一个未来令牌，并通过拼接前一个深度的表示与当前令牌的嵌入来生成新的输入表示。

与传统的单令牌预测相比，多令牌预测机制具有以下显著优势：

（1）提高数据利用效率。多令牌预测机制通过在每个位置上预测多个未来令牌，使训练信号更加密集，从而加快了模型的学习速度，提高了数据利用效率。

（2）增强上下文利用。通过同时预测多个令牌，模型能够更好地捕捉长距离依赖关系，从而生成更连贯和更准确的文本。

（3）缩短训练时间。多令牌预测机制减少了模型所需的训练步骤总数，从而缩短了整体训练时间。

（4）提升泛化能力。多令牌预测使模型能够学到复杂的关系，从而提高了其在未见数据上的泛化能力。

DeepSeek-V3 的多令牌预测机制在实现时采用了以下关键技术：

（1）共享嵌入与输出头。为了减少计算开销，多令牌预测模块共享嵌入层和输出头，同时通过 Transformer 块和投影矩阵生成不同深度的表示。

（2）推理阶段的优化。在推理阶段，主模型可以丢弃多令牌预测模块运行，从而减少计算资源消耗。

（3）负载均衡策略。DeepSeek-V3 通过引入可学习的偏置项，动态调整不同路由专家的负载，避免了传统负载均衡策略中常见的额外损失问题。

DeepSeek-V3 的多令牌预测机制不仅在训练效率上表现出色，还在生成任务中展现了显著优势。例如，在代码生成、数学推理和自然语言处理等复杂任务中，多令牌预测机制通过更好的上下文利用和生成规划，显著提升了模型的表现能力。

2.2.4　长思维链冷启动

长思维链冷启动技术能够通过强化学习和自监督学习的结合，使模型能够在没有大量监督数据的情况下，快速启动并生成高质量的推理过程。这一技术特别适用于处理需要复杂逻辑推理的任务，如数学问题求解、代码生成和跨领域推理。

在冷启动阶段，模型通过少量的监督微调数据完成初步训练，使其具备基本的推理能力。这一阶段的目标是为后续的强化学习提供基础。在推理过程中，模型通过生成多步的思维链来逐步解决问题。每一步的思维链都包含对问题的分析和中间推理结果，最终生成完整的答案。

长思维链冷启动具有以下显著优势：

（1）提升推理能力。通过生成多步的思维链，模型能够更好地捕捉问题的复杂逻辑关系，从而生成更准确和连贯的答案。

（2）减少监督数据依赖。在冷启动阶段仅需少量监督数据，后续通过强化学习实现自我进化，显著降低了数据收集和标注的成本。

（3）增强泛化能力。长思维链生成使模型能够处理多种类型的任务，包括数学推理、代码生成和自然语言理解，展现出强大的跨领域迁移能力。

DeepSeek 的长思维链冷启动在实现上采用了以下关键技术：

（1）GRPO 算法。与传统 PPO 算法相比，GRPO 算法舍弃了价值网络，通过多次采样和奖励平均来优化策略，显著降低了计算成本。

（2）奖励建模。在强化学习过程中，模型通过规则化的奖励系统（如准确性奖励和格式奖励）来指导优化方向。例如，在数学问题中，模型需要按照指定格式输出答案，并通过验证正确性获得奖励。

（3）多阶段训练策略。模型首先通过 CODEI/O 或 CODEI/O++数据集进行推理能力训练，然后使用通用指令数据集进行微调，使其能够遵循自然语言指令并执行多种任务。

DeepSeek 的长思维链冷启动技术提升了模型在数学推理、代码生成和复杂问题求解等方面的能力。在数学问题数据集上，模型通过长思维链生成获得了高准确率，显著优于传统方法。同时，通过将代码转换为思维链，模型在代码理解和生成任务中表现出色，并在非代码类任务上展现了良好的迁移能力。此外，在处理开放域对话和跨领域推理任务时，模型通过长思维链生成实现了更高效的推理和更准确的答案生成。

2.3　其他关键技术

在数据处理与存储、安全与隐私保护技术等方面，DeepSeek 同样展开了积极探索。这些技术进一步完善了 DeepSeek 模型的技术架构。

2.3.1　数据处理与存储技术

DeepSeek 在数据处理与存储方面采用了多项创新技术，以满足其大规模模型的训练和推理需求。这些技术不仅提高了数据处理的效率，还优化了存储资源的利用，为模型的高性能提供了坚实的基础。

在数据处理方面，DeepSeek 的数据处理技术旨在高效地处理海量数据，同时确保数据的质量和多样性。这包括采用自动化工具对原始数据进行清洗，去除噪声、重复数据和低质量样本，确保训练数据的纯净性；对于文本、代码、数学公式等多模态数据，设计统一的预处理流程，将不同格式的数据转换为模型可接受的输入形式等。同时，DeepSeek 通过数据增强（如文本重写、代码重构等），增加了训练数据的多样性，提升了模型的泛化能力。

DeepSeek 还实现了对分布式数据的处理。一方面，DeepSeek 采用分布式计算框架对大规模数据进行并行处理，显著提高了数据处理速度。另一方面，对于实时数据，DeepSeek 使用流式处理技术，确保数据能够快速进入训练流程。

在数据存储方面，DeepSeek 的数据存储技术能够高效地管理和访问海量数据，同时降低存储成本。DeepSeek 将数据分为热数据（频繁访问）和冷数据（较少访问），将它们分别存储在高性能存储介质和低成本存储介质中，以降低存储成本。同时，DeepSeek 使用分布式对象存储系统来存储大规模数据集，确保数据的高可用性和可扩展性。通过数据分片和复制技术，DeepSeek 实现了数据的分布式存储和容错能力，确保在硬件故障时数据不会丢失。

基于数据处理与存储技术，DeepSeek 显著降低了数据存储成本，提高了数据处理与存储效率，提升了训练效率。

2.3.2　安全与隐私保护技术

DeepSeek 在安全与隐私保护方面采用了多种技术，以确保用户数据的安全性和隐私性，如图 2-3 所示。

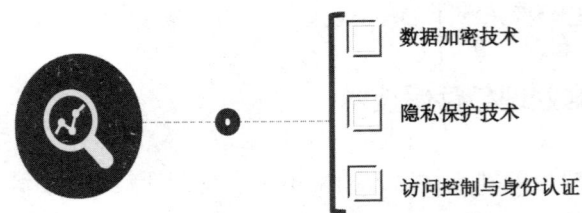

数据加密技术

隐私保护技术

访问控制与身份认证

图 2-3　DeepSeek 的安全与隐私保护技术

1. 数据加密技术

DeepSeek 通过先进的加密技术保护数据的存储和传输安全，确保数据在静态和动态状态下均能得到有效保护。

（1）静态数据加密。所有存储在 DeepSeek 系统中的数据均采用强加密算法进行加密，确保即使数据被非法访问，也无法被解密。

（2）动态数据加密。在数据传输过程中，DeepSeek 采用 TLS（Transport Layer Security，传输层安全协议）技术，确保数据在网络传输中的安全性。

2. 隐私保护技术

DeepSeek 通过多种隐私保护技术，确保用户数据在训练和使用过程中不会被滥用或泄露。

一方面，在数据训练过程中，DeepSeek 通过添加随机噪声的方式，确保单个用户的数据无法被逆向推导出来。同时，DeepSeek 采用隐私预算机制，控制数据使用过程中的隐私泄露风险，确保隐私保护与模型性能的平衡。

另一方面，DeepSeek 支持联邦学习技术，允许数据在本地设备上进行训练，而无须将数据上传到中央服务器，从而降低数据泄露的风险。在联邦学习中，DeepSeek 通过安全的模型聚合算法确保模型更新不会泄露用户数据。

此外，DeepSeek 对用户数据进行去标识化处理，移除或替换能够直接或间接识别用户身份的信息。在数据使用过程中，DeepSeek 还对敏感字段进行脱敏处理，确保数据的安全性。

3. 访问控制与身份认证

DeepSeek 通过严格的访问控制和身份认证机制，确保只有授权用户和系统能够访问数据。一方面，DeepSeek 采用 RBAC（Role-Based Access Control，基于角色的访问控制）机制，根据用户的角色分配不同的数据访问权限，确保数据最小化访问。DeepSeek 支持对数据访问权限的细粒度控制，用户只能访问其所需的数据。另一方面，DeepSeek 支持多因素认证，结合密码、生物识别等多种方式，确保用户身份的真实性。

通过以上多种技术，DeepSeek 能够保障数据存储、传输和使用的安全，为用户提供安全、可靠的 AI 服务。

2.3.3 开源技术

2025 年 2 月，在 DeepSeek 首届开源周活动中，DeepSeek 宣布开源其代码库 FlashMLA。这成为 AI 领域开源生态发展的里程碑事件。

FlashMLA 有三大核心竞争力：

（1）动态稀疏化训练机制：采用稀疏计算策略，在训练中根据需求关闭冗余神经元，大幅提升了训练效率并降低了内存占用。

（2）跨层参数共享：通过 MLA 模块实现比肩千亿级模型的推理能力。

（3）多模态扩展接口：支持文本、图像等多模态数据的综合训练，为 AGI 的探索和落地提供了技术接口。

在 FlashMLA 开源的影响下，中小企业无须自建模型，可基于 FlashMLA 微调获得医疗、法律等领域的垂直模型。

DeepSeek 在开源技术方面的探索体现了其对技术开放性和社区协作的重视。通过开源，DeepSeek 不仅推动了 AI 技术的普及和发展，还吸引了全球开发者和研究者的参与，进一步加速了技术创新。

第 3 章
能力图谱：AI 生产力的释放边界

DeepSeek 具备多元化且强大的功能特性。在文本自动生成方面，基于给定主题，DeepSeek 能够生成论文、故事、诗歌等文本。生成的内容不仅信息丰富，逻辑结构也连贯合理。在自然语言识别与分析方面，DeepSeek 具备精确理解复杂语义的能力，无论是情感倾向分析任务，还是信息抽取任务，均有着卓越的表现。在编码场景中，DeepSeek 能够辅助用户完成代码编写、代码纠错及代码解释等工作，切实有效地提升了编程效率，成为用户的得力助手。

3.1 文本自动生成

DeepSeek 在文本自动生成领域展现出了显著优势。基于给定的提示信息，它能够生成多种体裁的高质量文本。同时，它还能够创作具有较强感染力的旅行游记，通过细腻的文字描绘，为读者营造出身临其境之感。DeepSeek 凭借其强大的自然语言理解与生成能力，展现出良好的适应性，能够有效满足多样化的文本创作任务要求。

3.1.1 文本创作：论文、故事、诗歌

作为先进 AI 应用的 DeepSeek，在文本创作领域具有强大的功能，涵盖论文、故事和诗歌创作。

在学术论文创作过程中，DeepSeek 能发挥显著的辅助作用，可成为科研工作

者的有力帮手。通过对海量文献进行高效的筛选与分析，DeepSeek 能够精准识别并提取关键信息，为作者进行文献综述提供坚实支撑。在构建论文大纲阶段，DeepSeek 依据既定的研究主题和特定要求生成逻辑严谨的结构框架，明确各章节的核心要点，有效节省了前期构思的时间成本。此外，在论文撰写过程中，DeepSeek 还能够提供专业术语和规范化表述，有助于提升论文的学术品质与规范性。

　　在创作故事时，DeepSeek 具有强大的想象力和创造力。它能够根据设定的背景、人物和主题，编织出情节跌宕起伏的故事。通过精准把握不同人物性格特点，DeepSeek 能赋予角色鲜明的个性，让故事中的人物跃然纸上。例如，用户向 DeepSeek 输入指令，可以得到一个完整的故事，如图 3-1 所示。

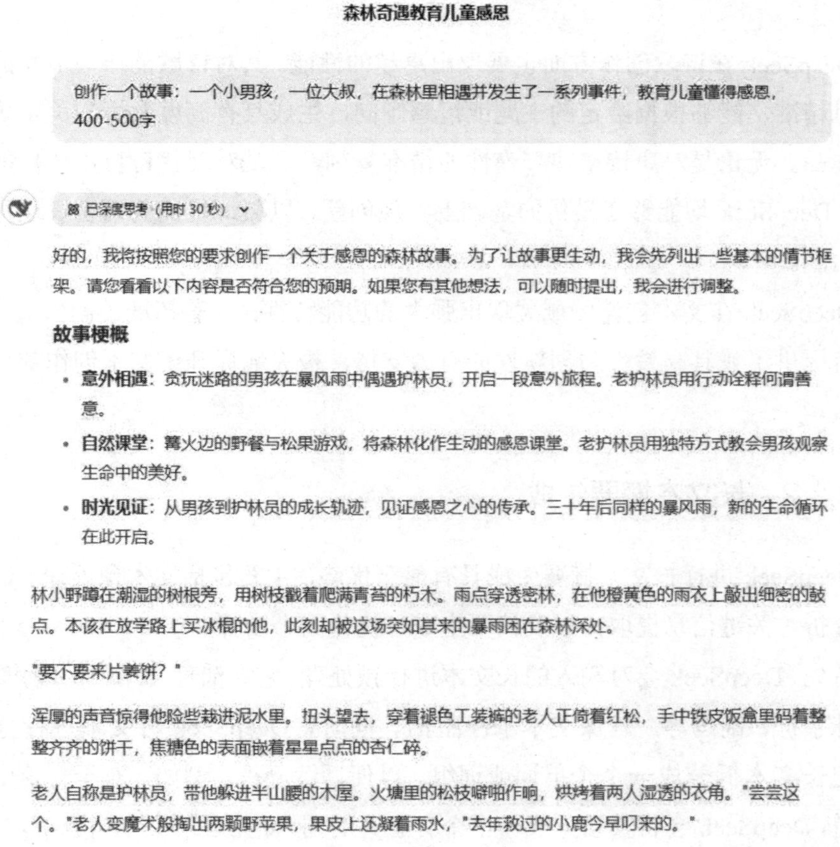

森林奇遇教育儿童感恩

创作一个故事：一个小男孩，一位大叔，在森林里相遇并发生了一系列事件，教育儿童懂得感恩，400-500 字

🐋 　 已深度思考（用时 30 秒）　∨

好的，我将按照您的要求创作一个关于感恩的森林故事。为了让故事更生动，我会先列出一些基本的情节框架。请您看看以下内容是否符合您的预期。如果您有其他想法，可以随时提出，我会进行调整。

故事梗概

- **意外相遇**：贪玩迷路的男孩在暴风雨中偶遇护林员，开启一段意外旅程。老护林员用行动诠释何谓善意。

- **自然课堂**：篝火边的野餐与松果游戏，将森林化作生动的感恩课堂。老护林员用独特方式教会男孩观察生命中的美好。

- **时光见证**：从男孩到护林员的成长轨迹，见证感恩之心的传承。三十年后同样的暴风雨，新的生命循环在此开启。

林小野蹲在潮湿的树根旁，用树枝戳着爬满青苔的朽木。雨点穿透密林，在他橙黄色的雨衣上敲出细密的鼓点。本该在放学路上买冰棍的他，此刻却被这场突如其来的暴雨困在森林深处。

"要不要来片姜饼？"

浑厚的声音惊得他险些栽进泥水里。扭头望去，穿着褪色工装裤的老人正倚着红松，手中铁皮饭盒里码着整整齐齐的饼干，焦糖色的表面嵌着星星点点的杏仁碎。

老人自称是护林员，带他躲进半山腰的木屋。火塘里的松枝噼啪作响，烘烤着两人湿透的衣角。"尝尝这个。"老人变魔术般掏出两颗野苹果，果皮上还凝着雨水，"去年救过的小鹿今早叼来的。"

图 3-1　DeepSeek 根据用户指令进行故事创作

夜色渐深时，老人教他玩松果游戏：每找到一颗完整的松果，就要说出一个值得感谢的事物。起初林小野说得磕磕绊绊，直到瞥见老人左腕狰狞的烧伤疤痕——那是三年前扑救山火留下的勋章。

"该感谢这场雨，"老人将松果抛进火堆，"不然哪能遇见会讲恐龙知识的小老师？"跃动的火光里，林小野忽然想起书包里妈妈塞的雨伞，还有每天清晨摆在玄关的保温饭盒。

三十年后，已成为护林站站长的林小野在暴雨中遇见迷路女孩。当他递出烤得恰到好处的姜饼时，檐角风铃正叮咚作响，恍惚间与记忆中的松涛声重叠成相同的韵律。

接下来我们可能会看到：老护林员教男孩辨认夜枭的叫声，林间月光在积水洼里碎成银币。黎明时分，沾着露水的野莓丛后传来母鹿温柔的嘶鸣。

故事核心：通过森林奇遇中润物无声的互动，让男孩理解感恩不是刻意的回报，而是发现平凡日常中闪烁的温暖微光。老护林员用生命守护的山林，最终将这份善意化作生生不息的传承。

图 3-1 DeepSeek 根据用户指令进行故事创作（续）

　　DeepSeek 在诗歌创作方面也展现出卓越的性能。其对诗歌韵律与节奏的理解深入且精准，能够根据给定的主题或情感倾向，生成具有高度意境与美学价值的诗歌作品。无论是对唐诗格律严谨性的精准复刻，还是对现代诗自由风格的灵动演绎，DeepSeek 均能够在模仿的基础上实现创新，以凝练优美的语言表达深刻的情感内涵。

　　DeepSeek 在文本创作领域展现出强大的功能特性，显著拓展了创作边界，为创作者提供了兼具高效性与创新性的有力支持，极大地提升了文本创作效率和作品质量。

3.1.2　长文本摘要生成

　　DeepSeek 进行长文本摘要生成具有显著优势，主要包括文本预处理、语义理解与分析、关键信息提取，以及摘要生成与优化四个步骤。

　　首先，DeepSeek 会对输入的长文本进行预处理。它会清理文本中的噪声数据，如特殊字符、乱码等，确保文本干净整洁。同时，DeepSeek 将文本进行分词处理，把长文本拆分成一个个单词或词组，以便后续分析。例如，对于一篇中文新闻报道，DeepSeek 会将其切分成一个个有意义的词语，为理解文本内容奠定基础。

　　其次，DeepSeek 利用深度学习技术中的 Transformer 架构等，对预处理后的文本进行语义理解。它能够捕捉文本中词语之间的长距离依赖关系，理解句子和段落的语义信息。例如，在处理一篇学术论文时，DeepSeek 能理解各个章节之间的逻辑关系，以及研究内容的重点和核心观点。通过这种方式，模型可以把握文本的整体语义结构，以确定哪些内容是关键信息，哪些是辅助说明。

基于对文本的语义理解，DeepSeek 会运用注意力机制等技术来提取关键信息。注意力机制会给文本中的不同部分分配不同的权重，DeepSeek 重点关注与文本主题相关度高、信息含量大的部分。例如，在处理一部长篇小说时，DeepSeek 能识别出主要人物的关键情节、推动故事发展的重要事件等，并将这些关键信息筛选出来。

最后，DeepSeek 根据提取的关键信息生成摘要。它会将关键信息进行整合和组织，用简洁、连贯的语言表达出来，形成完整的摘要内容。并且，模型还会对生成的摘要进行优化，如调整语句顺序、删除重复信息等，使摘要更加精练、准确，符合人类语言表达习惯，让用户能够快速了解长文本的核心内容。

3.1.3　内容简化与优化

在内容处理方面，DeepSeek 具备出色的简化与优化能力，为创作者提供了极大便利。

在内容简化上，DeepSeek 能够精准提炼核心要点。面对冗长复杂的文本，它可以深入理解文本含义，剥离冗余信息并提取关键内容，将长文转化为简洁的摘要。同时，DeepSeek 可将专业术语或晦涩表述转化为易于理解的日常用语，使抽象概念变得生动形象，易于大众理解。

例如，某科技媒体准备发布一篇关于 AI 绘画的科普文章，初稿有 3000 多字，详细阐述了 AI 绘画的原理、发展历程、主流算法、应用领域及面临的争议等内容。但篇幅过长会影响读者阅读体验，该媒体的编辑便借助 DeepSeek 进行优化。编辑将初稿输入 DeepSeek，并给出指令"突出重点，简化表述，保留关键知识点，控制在 1500 字左右"。

DeepSeek 首先对该文章进行深度分析，识别出核心内容。对于冗长的原理阐述部分，DeepSeek 用简洁易懂的语言重新表述，将复杂的数学公式和专业术语转化为通俗解释。DeepSeek 提取文章关键信息并重新组织语言，将长文精简为一篇逻辑清晰、重点突出的简洁文章，提升了文章的传播效果。

在内容优化方面，DeepSeek 能够对文本结构进行调整，提升逻辑性和流畅性。它会重新组织内容，优化段落顺序，使文章层次分明、条理清晰。DeepSeek 还会在内容中补充丰富的细节和案例，让内容更具可信度和可读性。

借助内容简化与优化的功能，DeepSeek 能够使各种类型的内容变得更加优质，从而提升用户体验和内容的实用性。

3.2　自然语言识别与分析

DeepSeek 在自然语言识别与分析方面功能强大。它能够精准理解人类语言，快速解析复杂语义，无论日常对话还是专业领域文本都不在话下。DeepSeek 还能准确判断句子的深层含义，避免歧义。在情感分析方面，DeepSeek 能够识别出文本中蕴含的积极、消极或中性情感。同时，它还擅长从大量文本中提取关键信息，如新闻报道中的时间、地点、人物等，为信息处理和挖掘提供有力支持。

3.2.1　文本分类：主题标签和垃圾内容审核

DeepSeek 凭借其先进的技术架构和强大的语言理解能力，既可以对文本的主题标签进行分类，也可以对垃圾内容进行审核。

DeepSeek 会使用大规模、多样化的文本数据进行训练，掌握文本特征和模式。DeepSeek 会对文本内容进行深入分析并提取文本中的关键信息和特征，然后与训练阶段学到的主题特征进行匹配。根据匹配结果，DeepSeek 为文本分配合适的主题标签。随着时间的推移和新主题的出现，DeepSeek 会不断更新和优化其主题分类系统，确保主题标签的准确性和时效性。

此外，DeepSeek 会结合人工制定的规则和机器学习模型进行垃圾内容审核。规则通常包括对敏感词汇、不良用语的识别。同时，DeepSeek 使用大量的正常内

容数据和垃圾内容数据对模型进行训练，让模型学习垃圾内容的特征和模式。在审核文本时，DeepSeek 从词汇、语义、上下文和逻辑关系等多维度分析文本。遇到误判或新垃圾内容类型时，DeepSeek 会实时反馈并优化模型，提升审核的准确性和效率。

例如，某内容分享平台引入 DeepSeek 进行垃圾内容审核，以维护平台的健康生态。平台根据过往处理垃圾内容的经验及行业规范，设定了一系列规则。在文本内容方面，对于低俗、辱骂等不良信息，人工规则设定了敏感词库。当 DeepSeek 扫描到文本中出现敏感词库内的词汇，且上下文语境显示其具有攻击性或低俗倾向时，就会将其判定为不良内容。

基于这些人工规则，DeepSeek 高效地对平台上源源不断的内容进行筛选，为用户营造了一个更加健康、优质的内容环境，提升了平台的用户体验感和平台口碑。

通过以上方式，DeepSeek 能够高效、准确地对文本进行主题标签分类和垃圾内容审核。

3.2.2　知识推理：生成答案和因果分析

DeepSeek 作为先进的语言模型，在知识推理方面表现出色，为诸多领域带来了革新。

在生成答案方面，DeepSeek 凭借其强大的语言理解能力，能够进行精准匹配与整合，深度分析并从大量的数据中提取关键特征，构建知识图谱，将不同实体及其关系进行整合。此外，DeepSeek 运用自然语言处理技术对用户提出的问题进行深入分析，以理解语义和意图，并根据上下文提供更贴合需求的答案。

例如，用户在询问"苹果公司最畅销的产品"后，接着问"它的优势在哪里"，DeepSeek 能够根据前文准确理解"它"指代苹果公司最畅销的产品，进而详细分析其在性能、设计、生态系统等方面的优势，实现知识的拓展与延伸，如图 3-2 所示。

总结

- **销量冠军**：iPhone以绝对数量领先，其次是AirPods和Apple Watch。
- **收入支柱**：iPhone仍是苹果最大的摇钱树，服务业务增长潜力显著。
- **生态协同**：硬件（如iPhone、AirPods）与服务的结合，强化了用户黏性，构成苹果的护城河。

注：数据基于近年公开财报及市场调研（如IDC、Counterpoint），具体数值可能随季度波动。

它的优势在哪里

இ 已深度思考（用时 29 秒）

嗯，用户之前问了苹果公司最畅销的产品，现在又问它的优势在哪里。我需要确定"它"指的是苹果公司整体还是某个具体产品。根据上下文，之前的回答是关于苹果各个产品的销售情况，所以用户可能是在问苹果公司的整体优势，或者是某个具体产品比如iPhone的优势。不过从问题"它的优势在哪里"中的"它"来看，可能是指苹果公司，但需要确认。

首先，回顾之前的对话，用户得到的信息包括iPhone、AirPods、Apple Watch等产品的销售数据和市场地位。现在用户想知道这些产品成功的原因或者苹果公司整体的优势。考虑到苹果的成功是多方面的，可能需要从生态系统、品牌、创新、用户体验、供应链等方面来回答。

图 3-2　DeepSeek 可联系上文内容生成答案

最后，DeepSeek 根据匹配到的信息，利用生成式模型生成初步答案，通过强化学习等技术对答案进行优化，确保答案的准确性、完整性和流畅性。它会考虑语法规则、逻辑合理性等因素，对生成的内容进行微调。

在因果分析方面，DeepSeek 基于深度学习算法，对文本中的因果线索进行识别。它能够分析语句中的因果连接词，如"因为""所以""导致"等，以及潜在的因果逻辑。例如，在分析医学研究报告时，DeepSeek 能够识别出某种药物使用与症状改善之间的因果关系。在识别因果关系后，DeepSeek 会进行推理和验证。它会结合领域知识和统计信息，判断因果关系的可靠性。同时，通过对比不同来源的数据和研究结果，进一步验证因果关系的准确性。

最后，DeepSeek 会将因果分析的结果以清晰易懂的方式呈现给用户，对结果进行解释并说明因果关系的依据和推理过程，帮助用户更好地理解和应用分析结果。

3.2.3　语义分析：意图识别和实体提取

DeepSeek 在语义分析方面有着卓越表现，尤其是意图识别和实体提取。

意图识别是理解用户话语背后真实目的的关键环节。首先，DeepSeek 会构建大规模的语言模型，通过海量文本数据的训练，学习语言的语法、语义和语用规则。例如，Transformer 架构的语言模型能捕捉文本中的长距离依赖关系，理解句子的整体语义，为意图识别奠定基础。其次，DeepSeek 从输入文本中提取词法、句法、语义等多维度特征。词袋模型可统计文本中单词的出现频率，TF-IDF（Term Frequency－Inverse Document Frequency，词频—逆文本频率）算法能衡量单词对文本的重要性。

DeepSeek 利用机器学习或深度学习的分类算法，如支持向量机、卷积神经网络等，将文本分类到不同的意图类别中。同时，DeepSeek 利用注意力机制等技术，对文本的上下文信息进行深度挖掘。例如，在对话场景中，DeepSeek 结合前文的对话内容和语境，能更准确地理解当前语句的意图。

实体提取则是从文本中抽取出有意义的实体，如人名、地名、组织机构名等。DeepSeek 利用深度学习算法，对文本中的词汇和语法结构进行分析。DeepSeek 根据文本习惯制定一些语法和语义规则，如词性标注规则、命名实体的常见模式等。例如，"地名通常是名词，且在句子中可能与表示位置的词一起出现"，通过这样的规则来识别文本中的实体。

此外，DeepSeek 采用条件随机场等序列标注模型，对文本中的每个单词进行标注，判断其是否属于某个实体或属于何种实体类型。在训练过程中，DeepSeek 学习文本的特征与实体标签之间的映射关系，从而实现实体提取。

这两项技术的结合，让 DeepSeek 能在诸多领域发挥重要作用。在信息检索中，DeepSeek 通过识别用户意图和提取关键实体，能够更精准地返回相关内容；在智能写作辅助中，DeepSeek 可根据用户输入内容的意图和包含的实体，提供更贴切的词汇和语句建议。

3.2.4　基于评论、反馈的情感分析

互联网上，人们的评论和反馈蕴含着丰富的情感信息，而 DeepSeek 在情感分析方面具有强大的能力。

DeepSeek 首先会对收集到的评论和反馈进行预处理，这包括去除噪声信息，

如特殊符号、停用词等，以确保数据的纯净性。接着 DeepSeek 对文本进行分词处理，将句子拆分成一个个有意义的词语或短语，方便后续分析。在完成预处理后，DeepSeek 会提取文本中的关键特征，识别出表达情感的词汇和短语，如积极词汇或消极词汇。同时，由于同一个词在不同语境中可能表达不同的情感，DeepSeek 还会考虑词汇的上下文和语义，以便对其进行更深入的分析。

基于提取的特征，DeepSeek 运用机器学习和深度学习算法对评论和反馈进行情感分类，通常将其分为积极、消极和中性三种情感类别。DeepSeek 会根据词汇的情感倾向和特征的组合来判断整体情感。例如，评论中积极词汇占比较大，且没有明显的消极表达，DeepSeek 就会将其判定为积极情感。

除了简单的情感分类，DeepSeek 还能够进行更深入的分析。它可以识别出评论涉及的具体方面，如产品的质量、服务态度、价格等，并对每个方面进行单独的情感分析，这有助于企业了解自身的优势和不足。例如，某电商企业借助 DeepSeek 分析用户评论，发现顾客对产品质量评价较高，但对物流速度不满，从而有针对性地进行改进。

DeepSeek 的情感分析能够为企业和组织提供有价值的信息，帮助它们更好地了解用户的需求和态度，从而优化产品和服务。

3.3 编程与代码相关

在数字化时代，代码与社会息息相关。从互联网应用到 AI，从金融科技到智能硬件，都需要代码。而 DeepSeek 基于先进的代码语言模型，经过海量数据训练，在代码生成和代码调试等方面展现出卓越的能力。

3.3.1 代码生成：生成代码片段和补全代码

在编程领域，DeepSeek 展现出了强大的代码生成能力，尤其是在生成代码片段和补全代码方面表现出色，能够显著提升用户效率。

1．生成代码片段

DeepSeek 能够根据用户需求快速生成高质量的代码片段。当用户明确提出具体的功能需求时，它能够迅速响应。在代码生成阶段，DeepSeek 支持将自然语言描述、草图或 API 文档作为输入，可通过 CLIP-like 模型对齐文本与代码语义。例如，输入"读取 CSV 文件并绘制折线图"，生成 Python 代码，如图 3-3 所示。

```python
import pandas as pd
import matplotlib.pyplot as plt

# 示例CSV数据（保存为data.csv）
"""
date,value
2023-01,15
2023-02,22
2023-03,18
2023-04,35
2023-05,28
2023-06,40
"""

# 1. 读取CSV文件
try:
    df = pd.read_csv('data.csv')
except FileNotFoundError:
    print("文件未找到，请检查文件路径")
    exit()

# 2. 显示数据前五行确认读取成功
print("数据预览：")
print(df.head())

# 3. 设置绘图风格
plt.style.use('ggplot')  # 使用ggplot样式
plt.figure(figsize=(10, 6))  # 设置图像大小

# 4. 绘制折线图
plt.plot(df['date'],  # X轴数据
         df['value'],  # Y轴数据
         marker='o',  # 数据点标记形状
         linestyle='-',  # 线条样式
         color='steelblue',  # 线条颜色
         linewidth=2,  # 线宽
         markersize=8)  # 标记尺寸

# 5. 添加图表元素
plt.title('月度数据趋势图', fontsize=14, pad=20)
plt.xlabel('日期', fontsize=12)
plt.ylabel('数值', fontsize=12)
plt.xticks(rotation=45)  # 旋转X轴标签
plt.grid(True, alpha=0.3)  # 显示网格线

# 6. 调整布局并保存
plt.tight_layout()
plt.savefig('line_chart.png', dpi=300)  # 保存高清图片
plt.show()
```

图 3-3　DeepSeek 生成代码片段

结合代码搜索引擎，DeepSeek 实时匹配相似开源项目代码片段，并将此片段融入代码生成流程，以此增强生成代码的准确性与规范性，有效提升代码的可执行率。针对不同开源框架的差异，DeepSeek 进行领域自适应生成，确保内容符合规范。DeepSeek 还进行业务逻辑嵌入，学习企业私有代码库模式以生成符合内部规范的数据处理链。最后，DeepSeek 还会进行代码评估与修正，减少语法与逻辑错误。

2. 补全代码

当用户编写代码到一半时，DeepSeek 可以根据上下文推测后续代码内容，并进行补全。例如，在编写一个方法时，用户定义了方法名和部分参数，DeepSeek 可以根据已有的代码逻辑，补全方法的具体实现内容。这大大减少了用户的手动输入量，加快了代码编写速度。它还能够理解代码的语义和逻辑，避免生成无意义或错误的内容。

在补全代码的过程中，DeepSeek 会考虑代码的规范性和可读性，遵循相应的编程风格和最佳实践规则。如果用户在代码中使用了特定的设计模式或框架，DeepSeek 也能够根据这些信息进行合理的代码补全。

DeepSeek 的代码生成和补全功能给用户带来了极大的便利，无论是初学者进行编程学习，还是有经验的用户进行项目开发，都能够借助它的能力提高开发效率和代码质量。

3.3.2 代码调试：错误分析与修复建议

DeepSeek 作为智能代码助手，其代码调试与修复能力建立在对编程语言的深度理解，以及与机器学习技术结合的基础上。以下是实现代码错误分析与修复建议的核心技术路径。

在代码错误分析方面，用户将代码以文本形式输入到 DeepSeek 的交互界面，DeepSeek 会对代码进行全面扫描，利用其丰富的代码知识库和语法规则体系快速识别代码中的各类错误。它能精准定位语法错误，例如，Python 代码中遗漏冒号，或者 Java 代码中忘记添加分号，DeepSeek 都能迅速察觉并标记出来。

一旦发现错误，DeepSeek 会深入分析错误产生的原因。对于语法错误，它会详细解释正确的语法规则，并指出代码中违背规则之处。如果是逻辑错误，DeepSeek 会结合代码的功能需求和上下文，剖析代码执行流程中不合理的地方。例如，在一个排序算法中，如果排序结果不符合预期，DeepSeek 会检查代码中的比较逻辑、循环条件等，找出导致错误的根源。

基于错误分析的结果，DeepSeek 会提供有针对性的修复建议。对于简单的语法错误，它直接给出修正后的代码片段。例如，DeepSeek 会将遗漏的标点符号补充完整，如图 3-4 所示，或者修正拼写错误。对于逻辑错误，DeepSeek 会给出优化思路和改进方案，例如，建议调整循环条件、修改比较逻辑，或者采用更合适的算法。同时，DeepSeek 还会对修复建议进行详细解释，帮助用户理解为什么要这样修改，从而提升用户的编程能力。

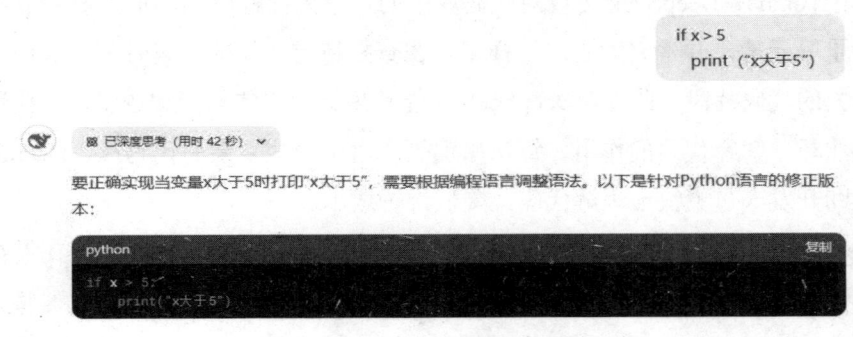

图 3-4　DeepSeek 对错误代码进行修正

用户可以根据 DeepSeek 的建议对代码进行修改，并再次输入进行验证。DeepSeek 会持续跟进，检查修改后的代码是否还存在其他问题，不断优化修复方案，直到代码能够正常运行。

DeepSeek 为用户提供了一套完整的代码调试解决方案，帮助用户高效地修改代码中的错误，提升编程效率和代码质量。

3.3.3　技术文档处理：API 文档和代码库

在代码开发方面，DeepSeek 可以高效地处理 API 文档和代码库等技术文档，这有助于用户快速上手并高效利用其功能。以下是关于 DeepSeek 处理 API 文档和代码库等技术文档的要点和方法。

对于 API 文档，DeepSeek 能够读取其内容，准确理解其中关于 API 的功能描述、参数定义和返回值说明等关键信息。它可以自动提取这些信息，将其整理成结构化的形式，方便用户快速获取核心要点。

DeepSeek 还能对 API 文档中的文本进行语义分析，理解各个 API 之间的逻辑关系和相互关联。例如，DeepSeek 能够判断哪些 API 是用于数据获取，哪些是用于数据处理，以及它们之间如何协同工作，从而为用户提供更全面的 API 使用视角。当用户对 API 文档中的内容有疑问时，DeepSeek 可以根据文档内容进行解答，如解释某个参数的具体含义、说明 API 的适用场景等，帮助用户更好地理解和使用 API。

对于代码库，DeepSeek 可以对代码库中的代码进行解析，识别代码中的函数、类、变量等元素，并建立索引。这样用户在查找特定功能的代码时，能够快速定位到相关的代码片段。此外，DeepSeek 还能够理解代码的功能和逻辑，为代码自动生成注释，解释代码的作用、算法原理等。对于一些复杂的代码库，DeepSeek 可以帮助开发人员更快地理解代码，降低维护成本。

DeepSeek 还能对代码库进行审查，检查代码是否符合规范、是否存在潜在的错误或性能问题等，并给出相应的改进建议，帮助提升代码质量。通过这些处理方式，DeepSeek 能够有效地帮助用户更好地理解和利用 API 文档与代码库，提高开发效率，降低技术门槛，促进技术知识的传播和应用。

DeepSeek 对 API 文档和代码库进行有效处理，能够提升开发效率，更好地发挥其技术优势，为项目的成功实施提供有力支持。

中　篇

快速上手，DeepSeek 操作攻略

第 4 章
商业逻辑：重塑 AI 市场经济版图

在 AI 市场由巨头引领、稳步发展的格局之下，DeepSeek 以其独特的商业逻辑切入这一领域。它另辟蹊径，选择了开源的经营模式，不仅为自身开辟了广阔的商业版图，还颠覆了 AI 行业的固有认知。DeepSeek 展现出的强劲发展势头，正重塑 AI 市场的经济价值，促进 AI 与各行业的价值融合。

4.1 被重塑的 AI 商业价值

DeepSeek 的强势介入让 AI 市场的格局发生了变化。DeepSeek 以极高性价比开辟出全新的商业价值空间，使得 AI 行业的商业价值被重新评估。以往被忽视的潜在需求被深度挖掘，新的商业合作模式不断涌现，产业链合作和资本进入为 AI 行业的发展注入强劲动力。

4.1.1 商业化之源——需求

AI 技术的商业化进程，本质上是一场需求驱动的产业变革。在产业数字化转型的浪潮下，AI 技术不断满足市场需求，同时创造新的需求，金融、医疗、教育等众多领域都涌现了新的 AI 解决方案。DeepSeek 作为 AI 领域的重要参与者，其商业价值的实现同样根植于市场需求的土壤之中。

凭借领先的自然语言处理技术和深度学习算法，DeepSeek 能为企业提供从智能客服到数据分析多层次、多样化的 AI 解决方案。技术供给与市场需求的精准匹

配构成了 DeepSeek 商业价值的基础。

具体而言，在金融领域，DeepSeek 的风险预测模型可帮助机构提升决策效率；在医疗领域，其智能诊断系统可辅助医生提高诊疗准确性；在教育领域，DeepSeek 生成的个性化学习方案优化了教学资源配置。以这些领域为代表的多样应用场景体现了市场对 DeepSeek 这类高水平 AI 技术的旺盛需求。

旺盛的需求使 DeepSeek 在商业合作中极具竞争力，能够吸引客户和投资，不断拓展业务领域，挖掘 AI 技术的商业潜力。同时，DeepSeek 通过持续的技术创新和服务优化，将市场需求转化为可持续的商业价值，实现技术与商业的良性循环，推动 AI 技术从实验室走向产业化。

4.1.2　颠覆 AI 产品的性价比

DeepSeek 的出现，打破了以往 AI 产品高成本的固有模式。其核心模型 DeepSeek-R1 仅用 557.6 万美元的训练成本，就在响应速度和准确率上实现了与 GPT-4o 相当的性能，甚至在自然语言理解等方面实现了超越，而其算力消耗仅为后者的 1/10，还能适配国产芯片。如此显著的性价比优势，让众多企业看到了降低 AI 应用门槛的希望。

以往，高昂的训练成本和使用费用，使很多中小企业对 AI 望而却步。而 DeepSeek 以远低于 GPT-4 的亲民 API 定价和"开箱即用"的模块化设计，实现了对硬件配置要求更低的同等性能的服务。颠覆性的性价比让更多企业能够轻松接入 AI 技术，DeepSeek 推动了 AI 应用在各行业的普及，提升了 AI 行业的商业价值。

例如，在金融领域，DeepSeek 通过算法蒸馏和动态推理技术，获得了更高的响应效率，帮助金融机构控制风险、精准营销；在汽车行业，厂商接入 DeepSeek 后，智能座舱交互响应速度大幅提升；在售后客服领域，应用 DeepSeek 大幅降低了人力成本。在众多场景的良好表现让 DeepSeek 在市场上迅速站稳脚跟，展示了高性价比的 AI 技术更广阔的应用前景。

DeepSeek 的高性价比策略，还引发了行业内的连锁反应。微软、谷歌等巨头的相关 AI 产品在一个月内降价 60%，以应对 DeepSeek 带来的竞争压力。它不仅改变了 AI 产品的价格体系，还促使整个行业重新审视 AI 的商业价值，推动 AI 从少数企业的专利转变为惠及大众的实用工具。

4.1.3 价值融合：软硬件齐发展

DeepSeek 对 AI 行业商业价值的重塑是有辐射性的，其发展势必带动相关的软硬件产业共同发展和突破。DeepSeek 构建开放的技术生态，联合芯片厂商、云服务商及垂直领域企业，形成"硬件定制—算法优化—场景落地"的全链条协作网络。通过开发者社区与产业联盟，DeepSeek 孵化了大量行业应用案例，带动上下游企业降本增收。

在硬件层面，一方面，DeepSeek 的高效算法不仅兼容了一些现有的国内硬件系统，还降低了对硬件和算力的要求，使更多的硬件厂商能够入局；另一方面，DeepSeek 的不断发展势必对算力和硬件设施提出更高的要求，拉动了相关产业的发展。这种"硬件高效适配算法，算法深度优化硬件"的闭环模式加快了双向技术迭代，提高了硬件产业的商业价值。

在软件层面，DeepSeek 的深度学习平台集成自动化建模、分布式训练等工具链，显著降低算法开发门槛，助力软件开发者提升效率，带动了软件产业的升级。此外，DeepSeek 广泛接入现有软件，与这些软件实现了价值融合。

随着跨产业协作深化，AI 对上下游软硬件产业带来的价值融合效果将越发明显。以 DeepSeek 为代表的 AI 企业将持续释放乘数效应，引领 AI 从单点突破走向生态繁荣，为行业发展注入新的活力。

4.1.4 资本活跃，引爆 AI 行业

从大量资本涌入 AI 行业的现状能看出 AI 巨大的商业价值。尤其是在 DeepSeek 爆火以后，有更多资本关注到 AI 产业的发展潜力，纷纷入局为产业发展提供动力。

例如，2025 年 2 月，悦享控股宣布与生成式 AI 仿真技术合成数据提供商中科智国签署投资协议，拟通过发行股份及支付现金方式收购其 60% 股权，助力自

身在人工智能产业链的布局。传统科技巨头对 AI 的投入也持续攀升，2025 年 2 月，阿里巴巴宣布未来三年内将投入超过 3800 亿元，用于建设云和 AI 硬件基础设施。资本的投资力度惊人，显示出 AI 行业强劲的发展势头。

大量资本的注入，给 AI 行业带来了翻天覆地的变化。在技术研发上，充足的资金让 AI 企业得以招募顶尖人才、购置先进设备、加速模型迭代。在产业格局方面，在资本的助推下，新兴 AI 企业不断崛起，现有 AI 企业具备领先优势的同时，也借助自身充足的资源锐意进取；行业竞争愈发激烈，催生出更多创新的 AI 应用场景，AI 的商业价值不断提升。

4.1.5　DeepSeek 大模型技术带来新趋势

在当今科技飞速发展的时代，以 DeepSeek 为代表的大模型技术席卷并重塑各个领域，带来了一系列意义深远的趋势变化。

1. 硬件智能化革新

在 To C 端，大模型技术为各类硬件赋予了强大的智能能力。例如，智能汽车基于大模型的深度学习和数据分析能力，实现了更高级别的自动驾驶辅助功能，能够实时感知路况、预判风险并做出智能决策，显著提升出行的安全性和舒适性。智能手机的语音助手在大模型的支持下变得更加智能，能够精准理解用户指令，并根据用户习惯提供个性化的服务。智能穿戴设备通过大模型深度分析用户的健康数据，如心率、睡眠质量等，提供专业的健康与运动建议。此外，AI 玩具和智能宠物机器人凭借大模型实现了高度拟人化的交互，为用户提供了独特的陪伴体验。

在 To B 端，大模型技术推动了设备的智能化转型。工厂设备集成大模型后，具备智能故障诊断功能，能够实时监测运行状态，并通过分析海量数据提前预测故障，减少停机时间，提升生产效率。

2. 软件领域的变革

在消费类软件领域，大模型有望成为未来的统一入口。过去，用户需要在多个应用之间切换以满足不同的需求，而如今大模型能够整合多种服务。用户只需与大模型进行交互，即可便捷地获取新闻，预订出行服务，进行娱乐消费等，大幅简化了操作流程。

工具类软件也被积极引入大模型技术。以 WPS 与通义千问大模型的合作为例，WPS 在整合大模型后，文档处理能力得到了显著提升。它能够自动生成大纲、检查语法错误、智能改写文本，甚至可以根据简单的描述生成完整的报告，极大地提高了工作效率。

在企业级软件方面，大模型为企业管理与决策提供了有力支持。企业资源规划系统利用大模型精准分析财务、供应链、人力等多维度数据，辅助企业进行战略决策。客户关系管理系统在集成大模型后，能够深入理解客户需求，优化营销与服务，提升客户满意度。

3. 数据价值的深度挖掘

大模型技术激活了以往沉睡的数据资源。过去，数据分散在各个系统中，难以充分发挥其价值。如今，大模型凭借其强大的数据处理能力，能够整合多源异构数据，挖掘出隐藏的关联与规律。无论是企业内部的销售、生产数据，还是互联网上的用户行为、市场舆情数据，大模型都能进行清洗、分析并洞察，将数据转化为有价值的信息，助力企业决策与业务创新。

4. 组织新范式的兴起

大模型技术催生了数字员工的广泛应用。数字员工能够模拟人类的工作流程，承担重复性、规律性的任务。在客户服务领域，数字员工可以 24 小时在线，高效解答问题、处理投诉。在办公场景中，数字员工在数据录入、文档处理等工作上表现出色，能够解放人力，让员工专注于更具创造性的工作。

Agent 技术也在大模型的支持下得到了快速发展。Agent（智能体）具备自主决策和执行能力，能够在复杂的业务流程中协同工作，根据环境与任务目标动态调整策略。例如，在供应链管理中，不同的 Agent 可以分别负责供应商、库存、物流等方面的工作，协作保障供应链的高效运作，提升企业的市场响应能力。

数字人技术则在娱乐、教育、医疗等领域展现出巨大的潜力。在娱乐领域，虚拟偶像借助大模型与粉丝进行自然互动，举办虚拟活动。在教育领域，数字人教师能够提供个性化教学，增强学习的趣味性与互动性。

此外，大模型还推动了行业专家的数字化转型。传统专家的知识可通过大模型编码成智能知识库，不仅能够更广泛地传播和应用，还能持续学习更新。例如，将医疗专家的诊断经验融入大模型后，可以辅助基层医生进行诊断；借助大模型建筑专家的设计理念，可辅助设计师实现智能设计，推动行业的创新发展。

4.2 DeepSeek 商业化路线

DeepSeek 依托自身强大的技术实力和对市场需求的深度剖析，构建出独特的商业模式，在众多领域开拓出丰富的盈利场景。从开源策略吸引广泛接入、通过企业合作或 API 收费，到低价模型服务降低使用门槛、促进大规模应用，再到深度定制化解决方案、针对不同企业需求提供技术支持，DeepSeek 的商业化路线在 AI 市场中展现出强大的发展潜力和高效商业价值转化的可能。

4.2.1　DeepSeek 三大商业模式

从市场竞争的角度分析，DeepSeek 的核心竞争力是通过技术创新实现了技术普惠与市场适应性。有 DeepSeek 珠玉在前，未来 AI 行业或将出现降本增效浪潮，众多竞争者将与 DeepSeek 展开激烈角逐。而目前，颠覆性的高性价比仍是 DeepSeek 的一大显著优势，帮助 DeepSeek 在竞争激烈的 AI 行业开辟生存空间。

具体而言，DeepSeek 的商业模式主要有三种，如图 4-1 所示。

1. 开源生态与社区驱动

DeepSeek 开源核心模型（如 DeepSeek-V3），采用 MIT 许可协议（最宽松的开源协议），允许核心模型的免费商用和二次开发。这一策略吸引了大量企业和开发者接入 DeepSeek，形成"DeepSeek Inside"的品牌效应。

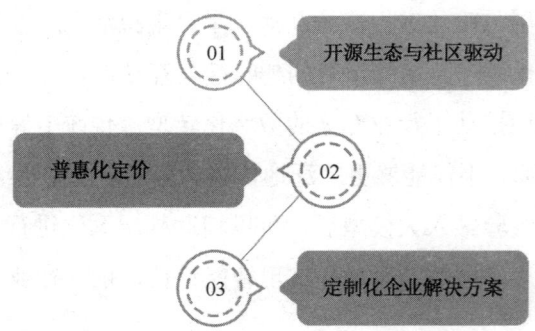

图 4-1 DeepSeek 的三种商业模式

开源降低了技术门槛，加速了 DeepSeek 在多领域应用落地，在打开市场局面的同时，多场景使用也加快了模型的技术迭代，增强了 DeepSeek 的技术壁垒。

2. 普惠化定价

借助稀疏化算法等前沿技术，DeepSeek 大幅降低了训练和推理成本，较低的服务成本使其定价能够做到普惠化低价。DeepSeek 的 API 价格仅为 OpenAI 的 1/30，这样的低价使中小企业和个人开发者能够负担得起 AI 服务的费用，推动了教育、医疗等长尾市场的智能化进程。广泛的应用场景不仅为 DeepSeek 带来了可观的收益，还为其技术迭代提供了宝贵的数据和流量资源。

3. 定制化企业解决方案

除了普惠的模块式、云端集约型服务，DeepSeek 也能提供从入门到高阶的多层次定制化服务，包括为有需求的企业提供高规格的本地化硬件部署，以及根据企业需求定制解决方案。

例如，入门模式的模型支持文档检索、客服自动化等简单工作，进阶模式的模型能够结合企业数据优化预测与推荐，为企业提供决策支持，高阶模式的模型则能够做到支持供应链管理等复杂场景。不同层次的模型服务适配企业的不同需求，DeepSeek 能够根据客户的实力和需要为客户提供精准服务规划，构建完整的 AI 服务体系，实现持续经营。

4.2.2　具体盈利场景盘点

根据上述多种商业模式，DeepSeek 的盈利场景多样，构建起可持续的收益体系。以下是对其核心盈利场景的盘点。

1．API 调用与商用授权

通过提供 API 和商用授权版本直接向企业用户收费，是 DeepSeek 最直接的盈利方式。

DeepSeek 的 API 按使用量计费，价格低廉，与当前市场上其他 AI 模型相比有巨大的性价比优势，主要针对中小型企业和开发者，或者较为简单的场景需求。例如，DeepSeek-R1-API 以极低的价格提供模型调用服务，而且支持定制微调，适用于教育机构批量生成课程内容或电商平台优化推荐系统等内容生成、数据分析等高频场景。

而面向金融、医疗等对数据安全性要求更高的行业，DeepSeek 的商用授权版本 DeepSeek-Enterprise 则支持私有化部署。这种模型可以定制行业知识库，收取高额年费或项目制费用。例如，可为医院定制智能诊疗系统，为金融机构搭建智能投资研究平台等。

2．技术合作与生态分成

DeepSeek 通过开源生态建设吸引开发者与企业参与，抢占了大量智能应用场景的入口，形成技术护城河，并从中获益。

例如，某智能鼠标品牌接入 DeepSeek 后日销售额达百万元，这实际上就是抢占了智能办公场景的先机，后续在进行配套软件开发时，DeepSeek 就可以通过软件订阅进行收费，甚至参与硬件销售分成。随着穿戴设备市场和其他硬件市场对 DeepSeek 的关注不断加深，这种 AI 生态内的技术合作服务成为 DeepSeek 的一个重要盈利点。

再如 DeepSeek 正在研发的 AI 智能体市场，允许开发者基于 DeepSeek 开发智能体应用，平台从中抽取佣金，并按调用次数分成。基于此，DeepSeek 能通过技术合作和构筑平台生态实现盈利。

3．垂直行业解决方案

在 DeepSeek 擅长的领域，如医疗、金融等，除了上述的本地化私有部署，DeepSeek 还可以为行业提供定制化服务，针对场景痛点提供解决方案，并收取高附加值费用。

例如，在医疗领域，DeepSeek 为医疗机构提供数据分析服务，优化诊疗流程或辅助新药研发，如江苏恒瑞医药股份有限公司在公司内部制订完备计划，全面部署 DeepSeek 用于临床科研与健康管理。

在政务领域，广西玉林市已有乡镇部署了 DeepSeek，其强大的自然语言和数据处理能力，可以帮助政府部门进行返贫风险监控、办文办公、调解矛盾等。山心镇部署 AI 后，基层干部日均事务处理时间缩短 40%，卓有成效。

在金融与法律领域，DeepSeek 能为券商、律所提供智能生成投研报告、合同自动化的服务，以此收取年服务费或按项目计费。

DeepSeek 的盈利模式兼具开源普惠性与商业纵深性，通过免费开源吸引生态参与者，再以 API、企业服务、行业解决方案等高附加值产品实现变现，其核心优势在于技术壁垒和生态整合能力。未来，随着智能体市场和多模态功能的落地，DeepSeek 盈利的领域将进一步扩展。

目前，DeepSeek 高层的公开发言和实际行动都反映，DeepSeek 对于商业化的态度不急不躁，公司更重视技术的进步和生态的搭建。只要 DeepSeek 还站在技术前沿，它的商业化前景无疑是光明的。

4.2.3 演进：从 Phase1 到 Phase3

DeepSeek 从 Phase1 到 Phase3 的演进，大致对应 DeepSeek-LLM（V1）、DeepSeek-V2 和 DeepSeek-V3 这三个版本。在三个演进阶段，DeepSeek 的商业化路线也有变化。

2023 年 11 月，DeepSeek 发布首个开源代码模型 DeepSeek Coder，随后推出670 亿参数的通用模型 DeepSeek-LLM。这个模型通过混合专家架构（MoE）和FP8 混合精度训练技术，将训练成本压缩至传统模型的 1/10，从而构建了强大的成本竞争力。DeepSeek 选择将模型开源，旨在在开发者群体中积累影响力，为后续商业化奠定技术基础和用户基础。

到 DeepSeek-V2 阶段，DeepSeek 进一步优化技术，为商业化拓展提供了更有力的技术支持。基于技术的提升，DeepSeek 开始尝试与更多行业接触和合作，探索在更多领域的应用场景。这一阶段的努力吸引了一些资本的注意，但 DeepSeek 尚未有特别突出的大规模商业化动作。

DeepSeek-V3 阶段是 DeepSeek 的商业化的爆发期。首先，DeepSeek 通过极低的 API 定价快速抢占市场份额，旨在与现有 AI 大模型之间形成用户规模壁垒。其次，DeepSeek 利用开源接入的优势，与阿里云、腾讯、微软、英伟达等科技巨头合作，将自身的技术能力转化为整个 AI 行业的基础设施，抢占了多行业的应用先机，初步形成了以自身为核心的商业生态。

此外，DeepSeek 通过技术分层和商业分级策略构建生态壁垒，推出的轻量版模型（7B/14B）抢占 C 端市场，旗舰版模型（32B/671B）则攻坚企业及科研领域。多层次的服务全面覆盖不同需求的客户群体，为自身下一步商业化打开了广阔的增长空间。

4.2.4　风险对冲机制

在商业化进程中，DeepSeek 建立了融合技术、市场、合规、资金多层面的商业风险对冲机制（如图 4-2 所示），保障自身稳健发展。

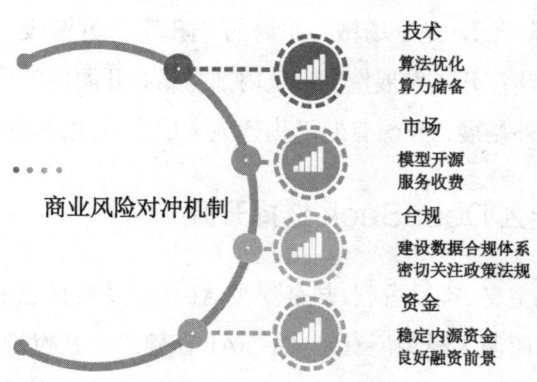

图 4-2　DeepSeek 的商业风险对冲机制

在技术方面，为应对快速的技术迭代，DeepSeek 一方面持续加大算法研发投入，保持在有限算力下的模型优化升级能力，另一方面使模型兼容国产芯片，并与海外硬件厂商合作，为技术升级寻求算力保障并拓展技术生态。

在市场方面，DeepSeek 采用"模型开源，服务收费"的多元化业务模式，既吸引了大量用户，又通过 API 收费增加收入来源。DeepSeek 还积极与多行业合作，通过模块化布置降低硬件要求，拓展垂直行业应用场景，满足企业、政府的私有化部署需求。

在合规方面，鉴于大模型数据训练涉及版权和隐私问题，DeepSeek 建立数据合规体系，对数据进行确权和用户同意管理，以应对地区审查。同时密切关注政策法规变化，确保业务符合《中华人民共和国数据安全法》（以下简称《数据安全法》）等法规要求。

在资金方面，DeepSeek 以内源性融资为主，依靠母公司幻方量化在量化投资领域的成功，获得了稳定资金。同时，DeepSeek 凭借自身的技术优势和发展前景，在投资界炙手可热。若有需求，DeepSeek 也可以选择 IPO 上市或引入战略投资者，以获得充足的资金。

4.3 阳谋：开源的 DeepSeek

DeepSeek 选择开源，是一场精心布局的"阳谋"。开源没有成为 DeepSeek 的获利困局，反而为其打开了发展空间。从内部考量，开源能汇聚全球开发者智慧，加速技术迭代；向外拓展，开源有助于构建庞大的产业生态，吸引更多合作伙伴。

4.3.1 为什么 DeepSeek 选择开源

开源看似理想主义、难以盈利，却是不少 AI 企业及科技企业的重要战略选择。目前，性能领先的闭源大模型所有者 OpenAI 在建立之初也抱有开源的初衷。包括 DeepSeek 在内的这些企业选择开源，当然不是放弃技术的商业化，而是着眼于更宏大的产业布局。

第一，开源能促进技术共享与协作。通过开源，DeepSeek 能与全球开发者分享技术和经验，吸引更多人参与其中。例如，Linux 系统开源后，全球无数使用该系统的开发者为其贡献代码，使系统不断完善，成为服务器领域的中流砥柱。安卓系统开源后，众多手机厂商和开发者参与，推动其不断更新迭代，适配各种设备，成为全球应用最广泛的移动操作系统之一。

DeepSeek 选择开源，也能集众人之力，通过使用模型的开发者和用户形成的活跃社区持续获得反馈和技术支持，不断改进自身，加快技术的进步和迭代。

第二，开源能提升透明度与信任度。开源使 DeepSeek 的源代码公开，用户可查看并验证，增加对其安全性和可靠性的信任。以火狐浏览器为例，火狐也是一个开源程序，用户不仅能放心地在自己的设备上使用，还能参与开发改进，提升浏览器性能和安全性。

第三，开源能推动创新与行业发展。DeepSeek 开源后，其他开发者能基于其技术进行创新，创造出更多应用和商业模式，推动 AI 行业的进步。这种创新发展甚至能辐射更多相关产业，构筑起全新的产业生态，深刻影响经济社会发展与变革。

总而言之，DeepSeek 开源是为了获取更多助力，在技术发展、社区建设、品牌形象和生态构建等多方面发挥长期、积极的影响。

4.3.2　开源背后的致富之谜

开源模式曾被视为理想主义，但随着 2025 年 AI 技术爆发的浪潮，以 DeepSeek 为代表的企业通过开源策略实现了商业成功，甚至颠覆了行业格局。其背后逻辑可归结为三点：生态垄断、技术降本和商业模式创新。

1. 开源构建生态垄断：从技术工具到行业标准

DeepSeek 的开源策略并非单纯的技术共享，而是通过免费迅速占领市场，形成技术依赖。其开源模型 DeepSeek-R1 允许全球开发者免费商用和修改，迅速吸引了 140 国用户，甚至包括微软、英伟达等国际巨头。

这种策略与安卓系统类似——通过开源降低准入门槛，吸引大量开发者参与生态建设，最终形成行业标准。例如，印度计划直接基于 DeepSeek 代码进行本地化改造，但这会导致其技术升级仍受制于中国，形成开源依赖。这种生态垄断不仅巩固了 DeepSeek 的技术主导权，还为后续商业化提供了庞大的用户基础。

2. 技术降本：从"烧钱竞赛"到普惠创新

传统 AI 模型的研发依赖巨额算力投入（如 OpenAI 每年消耗数十亿美元），而 DeepSeek 通过算法优化和技术创新大幅降低成本，开源进一步放大了技术降本效应。例如，加州大学伯克利团队利用开源代码，以 30 美元复现了 DeepSeek-R1-Zero 模型，证明了低成本开发 AI 模型的可能性。这种低价普惠策略不仅挤压了竞争对手的利润空间，还吸引了中小企业和开发者涌入生态，形成技术迭代的正循环。

3. 商业模式创新：从免费入口到增值变现

开源能够以免费作为流量入口，通过后续的增值服务实现商业化。DeepSeek 的 API 服务定价远低于 OpenAI 旗下系列模型的定价，被称为"价格屠夫"，DeepSeek 凭借其低价策略推动用户规模爆发增长，迅速占领市场，在已经初具格局的 AI 竞赛中开辟出了自己的生存空间。

同时，开源生态催生了衍生经济：开发者基于 DeepSeek 开发付费应用（如爆款 App 和 AI 课程），获利可观；云计算、芯片厂商通过适配 DeepSeek 模型提升了硬件销量。这种用户生态的形成使 DeepSeek 后续无须直接收费，即可通过产业链上下游的增值服务间接获利。

开源的本质是以技术开放换取生态主导权，DeepSeek 的成功揭示了 AI 技术开源的先进性，它打破技术垄断，推动 AI 普惠，甚至逼迫现有 AI 巨头采取降价、部分开源等方式与其竞争。在 AI 技术迭代加速的背景下，开源已成为新质生产力的核心引擎——它不仅是一种技术策略，更是商业智慧的体现。

4.3.3　商业版图：上百个应用接入 DeepSeek

DeepSeek 推出开源大模型以来，其高性能、低成本、全开源的定位迅速颠覆了全球 AI 市场格局。截至 2025 年 2 月，能源、制造、医疗、金融、政务等核心领域的上百家企业和机构已接入 DeepSeek 模型，形成了一张横跨多行业的 AI 应用网络。

DeepSeek 开源的最大优势在于为开发者提供高度灵活且强大的技术基础。开发者可以直接调用 DeepSeek 先进的算法架构和丰富的功能模块，极大地节省开发时间和成本。这使得无论是初创企业还是行业巨头都能基于 DeepSeek 快速开发出满足自身需求的应用。

因此，上百个应用纷纷接入 DeepSeek。日常的智能办公软件借助 DeepSeek 实现文档的智能分类、内容摘要生成，提升办公效率；智能客服系统利用 DeepSeek 的自然语言处理能力，实现更精准、高效的客户问题解答，优化客户体验；在金融、教育、医疗等多个领域，DeepSeek 也都发挥着关键作用，助力应用实现智能化升级。

随着越来越多应用的接入，DeepSeek 的商业版图不断扩张。它不仅通过与各类应用的融合获取收益，还在生态构建过程中吸引更多的上下游企业参与，形成了一个互利共赢、协同发展的良性循环。未来，DeepSeek 有望凭借其开源的魅力，在商业版图上继续开疆拓土，创造更多的商业价值。

4.3.4　钉钉与 DeepSeek 的奇妙碰撞

2025 年 2 月，阿里巴巴旗下的企业级智能办公平台钉钉与 DeepSeek 合作，钉钉 AI 助理完成了与 DeepSeek 系列模型的全面对接。此后，使用钉钉 AI 助理的用户可以自主选择多种 DeepSeek 模型，并便捷创建 AI 助理。

在 DeepSeek 模型的帮助下，钉钉 AI 助理实现了深度语义理解、智能推理及实时联网获取最新信息的功能拓展。此外，钉钉低代码开发平台宜搭和数据管理工具多维表也成功接入了 DeepSeek，显著提升了数据处理效率与应用开发的智能化水平，使钉钉的企业客户能够以更低的技术门槛实现业务流程的数字化与自动化。

这次技术碰撞给用户办公带来了许多便利。在办公文档处理方面，依托接入 DeepSeek 的钉钉 AI 助理，用户只需输入关键信息和核心要点，即可快速生成结构严谨、内容翔实的报告初稿，极大地提高了工作效率。用户不再需要为大量的资料收集、逻辑梳理和内容编排工作耗费心力。

在客户服务领域，钉钉宜搭与 DeepSeek 协同，构建了智能客服系统，能够对客户咨询进行快速响应，准确识别问题意图并提供有效的解决方案，显著提升了客户服务质量与满意度。

展望未来，钉钉与 DeepSeek 将在更多关键业务领域碰撞融合，如项目管理中的资源优化配置、进度精准预测及风险智能预警等。两者的合作能够为钉钉服务的大量企业赋能，助力企业数字化转型，帮助企业在日益激烈的市场竞争中实现高效运营与可持续发展。

第5章
准备工作：与 DeepSeek 创建连接

用户与 DeepSeek 创建连接，前期的准备工作很关键。首先，用户要确保网络环境稳定，没有网络波动或中断的隐患，这是建立有效连接的基础。其次，用户需确认所使用设备的兼容性，检查是否安装了必要的驱动程序与支持软件。用户还需获取正确的连接信息，如对应的服务器地址、端口号等。同时，用户需准备好认证所需的账号和密码，确保其准确性，避免因认证失败而无法连接。通过这些准备，用户能够大大提高与 DeepSeek 成功创建连接的概率。

5.1　AI 控制台：熟悉 DeepSeek 界面

当用户进入 AI 控制台，打开 DeepSeek 界面时，其作为一个具备巨大应用潜力的操作平台，为用户提供了丰富的功能。深入了解该界面是充分发挥 DeepSeekk 强大效能的基础，无论是模型训练、数据分析，还是创意内容生成，均依赖对其各项功能的熟悉掌握。以下将详细解析 DeepSeek 界面的构成，深入探讨其各组成部分的功能特性与内在逻辑。

5.1.1　关键点之熟悉主界面布局

熟悉 DeepSeek 主界面布局是高效运用这一 AI 工具的基础，以下将具体分析网页版与移动版 DeepSeek 的主界面。

首次启动 DeepSeek 时，用户所见的是简洁、逻辑架构明晰的主界面，各区域功能明确，为用户提供流畅的操作体验。

网页版 DeepSeek 主界面布局如图 3-1 所示。

（1）设有 API 开放平台和语言模式选项。API 开放平台为推理服务商提供了一个可以在自身服务器上部署 DeepSeek 模型并提供推理服务的平台。同时，DeepSeek 支持多种语言模式，以满足不同地区用户的需求。

（2）主界面中间区域设有"开始对话"和"获取手机 App"两个选项。用户调试完毕后，可单击"开始对话"与 DeepSeek 进行交互。同时，用户也可以通过"获取手机 App"链接下载移动版 DeepSeek。

（3）向下拉动页面，用户可以查看 DeepSeek-V3 的详细介绍及参数信息，这有助于用户更深入地了解 DeepSeek 的功能和性能，如图 5-1 所示。

deepseek

探索未至之境

开始对话
免费与 DeepSeek-V3 对话
使用全新旗舰模型

获取手机 App
DeepSeek 官方推出的免费 AI 助手
搜索写作阅读解题翻译工具

DeepSeek-V3 的综合能力

DeepSeek-V3 在推理速度上相较历史模型有了大幅提升。
在目前大模型主流榜单中，DeepSeek-V3 在开源模型中位列榜首，与世界上最先进的闭源模型不分伯仲。

图 5-1　网页版 DeepSeek 主界面

移动版 DeepSeek 的主界面则包括以下几个关键区域，如图 5-2 所示。

（a）　　　　　　　　　　　　（b）

图 5-2　移动版 DeepSeek 主界面

（1）左上角设有历史记录功能，用户可以通过该功能找到之前搜寻过的信息，便于回顾和参考。

（2）右上角的"⊕"表示开启新的对话。用户单击该按钮后，DeepSeek 将生成一份与前面提问主题无关的新答案，满足用户多样化的需求。

（3）下方的对话框底部设有两个选项：深度思考 R1 和联网搜索。深度思考 R1 可以让 DeepSeek 的回答更加完善、深入；联网搜索则可以连接实时数据库，确保用户获取的数据是最新的。

（4）左下角设有"＋"号按钮，用户可以通过该功能向 DeepSeek 传输图片或文件，以便进行更精确的分析和识别，如图 5-2（b）所示。

通过对主界面关键区域的深入了解与熟悉，用户能够迅速掌握 DeepSeek 主界面布局，进而为后续高效应用筑牢根基。

5.1.2　关键点之导航栏操作

在 DeepSeek 主界面中，导航栏很关键，它是用户与各类核心功能交互的重要枢纽，熟练掌握导航栏操作能够极大地提升使用效率。

关于 DeepSeek 的导航栏设计及操作方式，不同产品和版本可能存在差异。例如，移动端 DeepSeek 需借助第三方软件，如 chatbox ai、Cherry studio 等，且这些第三方软件需要搭配付费 API 才能使用。

导航栏通常位于页面顶部或左侧，移动版在底部，包含品牌 Logo、核心功能入口和用户工具图标。不同的 AI 任务需要适配不同的模型。例如，用户在进行自然语言处理时，选择预训练的语言模型能够让文本生成、翻译等任务事半功倍；处理图像分类任务，则要切换到有针对性的图像识别模型。通过单击"模型选择"，用户可以在下拉菜单中看到平台提供的各种模型，并依据任务需求进行精准筛选，还能够查看模型的简要介绍和适用场景，以便做出正确选择。

"任务创建"也是导航栏中的关键功能。单击该选项后，会弹出一个任务创建窗口，在这里用户可以自定义任务名称，方便后续对任务进行管理和识别。同时，还能够选择任务类型，如进行模型训练、推理预测、数据分析等，每种任务类型都有其对应的参数设置和操作流程。用户在创建任务时，务必仔细填写各项信息，确保任务的准确性和有效性。

此外，导航栏中还包含"文件管理"功能，用户通过它可以方便地上传、下载和管理与任务相关的数据文件。在上传数据时，系统会自动检测文件格式是否符合要求，避免因格式错误导致任务失败。而设置选项则允许用户对界面显示、隐私权限等进行个性化调整，以满足不同用户的使用习惯。

熟练掌握 DeepSeek 导航栏的各项操作，是高效运用该平台的基础，能够帮助用户快速完成各类任务，充分发挥 DeepSeek 的强大功能。

5.1.3　关键点之视图设置

在使用 DeepSeek 时，合理的视图设置能够显著提升操作体验和工作效率，让用户更加专注于任务本身。视图设置是 DeepSeek 为用户提供的一项个性化功能，位于导航栏的设置选项中，通过它可以对界面的布局和显示进行灵活调整。

首先是界面布局的调整。用户可以根据自己的操作习惯选择不同的布局模式。例如，对于经常同时处理多个任务的用户来说，分屏布局是不错的选择，它可以同时展示任务进度、参数设置和数据预览等多个窗口，方便用户在不同操作之间快速切换，无须频繁地在不同页面间跳转。而对于更注重简洁操作的用户，简约布局则能够隐藏一些暂时不需要的功能模块，让界面更加清爽，仅保留核心操作区域。

其次是显示比例与字体大小的设置。在处理一些细节较多的数据或复杂的模型参数时，适当放大显示比例可以让内容更加清晰，便于查看和操作。而在长时间使用 DeepSeek 时，调整字体大小能够有效缓解眼睛疲劳，特别是对于视力不佳的用户来说，较大的字体能够提升阅读体验。通过简单的滑块操作，用户就能够轻松调整显示比例和字体大小，以适应不同的使用场景。

此外，视图设置还包括颜色主题的选择。DeepSeek 提供了多种颜色主题，如默认的明亮主题和适合夜间使用的深色主题。深色主题不仅能够减少屏幕对眼睛的刺激，还能够在视觉上营造出专业、沉稳的氛围，让用户在夜间或低光环境下也能够舒适地使用。

通过合理运用 DeepSeek 的视图设置功能，用户可以打造出最适合自己的操作界面，让 AI 探索之旅更加高效、舒适。

5.2　三分钟创建 AI 伙伴

作为 AI 领域的前沿创新者，DeepSeek 带来了一项极具创新性的技术突破：用户仅需三分钟，即可通过其平台创建个性化的 AI 伙伴。AI 伙伴不仅能够在工作场景中提供智能辅助，激发创新思维，还能够在学习过程中扮演智能答疑角色，助力知识的获取与理解。以下将深入探讨 DeepSeek 平台及其三分钟创建 AI 伙伴的技术原理与应用实践。

5.2.1　移动版：注册、登录等

移动版 DeepSeek 通过手机、平板等移动设备就可进行使用。用户想要使用 DeepSeek 移动版，首先需要完成注册与登录，以下是详细步骤。

首先，在应用商店搜索官方 App 进行下载，如图 5-3 所示。

图 5-3　在应用商店中搜索并安装 DeepSeek

下载完成后，用户打开 DeepSeek 移动应用，映入眼帘的便是简洁的初始界面，单击"登录"按钮，进入登录页面。

按照页面提示，用户需依次填写有效的手机号码或微信，作为登录的账号，方便后续接收重要通知和找回密码。用户可以选择验证码登录或密码登录。

用户在使用验证码登录时，需输入手机号进行绑定。输入完成后，单击下方的"发送验证码"。在发送验证码时，屏幕会弹出一个验证信息，以确保是人为操作。根据提示选择对应图片后，用户等待几秒钟就可接收到验证码。用户输入验证码后，勾选下方"已阅读并同意用户协议与隐私政策，未注册的手机号将自动注册"，再单击"登录"按钮，便完成登录，如图 5-4 和图 5-5 所示。

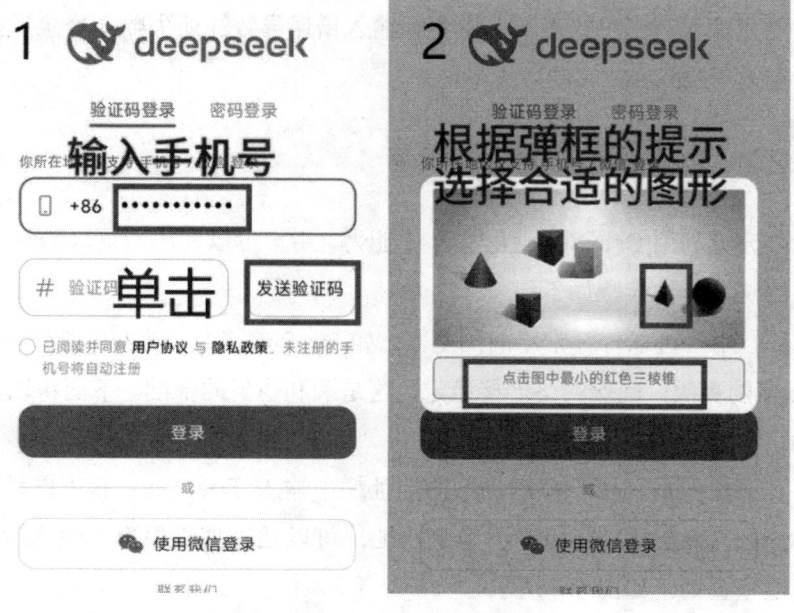

图 5-4　输入手机号获取验证码

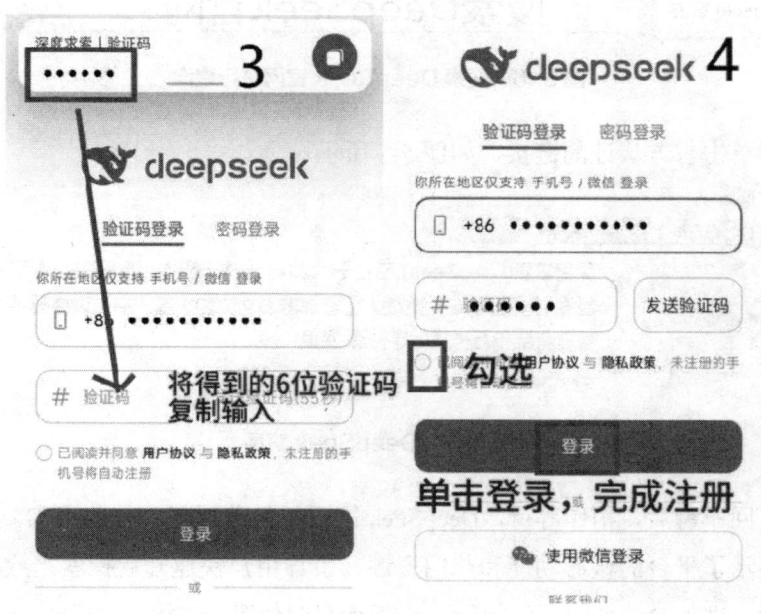

图 5-5　完成注册

用户还需设置一个强密码，包含字母、数字和特殊字符，以保障账号安全。

用户需重复输入密码进行确认，避免因输入错误导致注册失败。登录后，用户即可顺利进入 DeepSeek 移动版主界面。

5.2.2　网页版：访问、搜索等

想要充分利用 DeepSeek 强大的 AI 能力，用户可以使用网页版 DeepSeek。网页版的用法，具体步骤如下。

首先，用户可以打开常用的浏览器，如 Firefox、Edge 或 360 浏览器等，访问 DeepSeek 网页版。确保网络连接稳定，这是顺利访问的基础。下面将以 360 浏览器为例，详细展示操作步骤。

打开浏览器后，用户在浏览器的地址栏中输入 DeepSeek 官方网址（https://www.deepseek.com/）。若用户不确定网址，可以通过搜索引擎，输入"deepseek 官网"进行查询，如图 5-6 所示。

图 5-6　搜索 DeepSeek 官网进行查询

然后单击官方认证的链接，如图 5-7 所示。

DeepSeek | 深度求索　官网

深度求索(DeepSeek),成立于2023年,专注于研究世界领先的通用人工智能底层模型与技术,挑战人工智能前沿性难题。基于自研训练框架、自建智算集群和万卡算力等资源,深度

www.deepseek.com 反馈

图 5-7　DeepSeek 官网

按下回车键后，稍作等待，DeepSeek 网页版的首页便会加载出来。首页设计简洁，展示了平台的核心功能和热门资源，引导用户快速开启探索之旅。

其次，进入 DeepSeek 网页版后，在页面显眼位置能够找到对话框，如图 5-8 所示粗线框部分，单击对话框进入新页面，用户就可以输入需求或指令。值得注意的是，用户在输入指令时，可以选择"深度思考 R1"或"联网搜索"进行深度答疑。

图 5-8　DeepSeek 对话入口

此外，用户需明确搜索目的。如果用户想寻找特定的 AI 模型，就可以在对话框中输入模型名称，如"图像生成模型"；如果用户对某类应用案例感兴趣，可输入相关关键词，如"AI 在医疗领域的应用"，如图 5-9 所示。输入关键词后，用户单击对话框旁边的生成按钮 ⬆，或者直接按下回车键，系统便会迅速地在其庞大的数据库中进行检索。

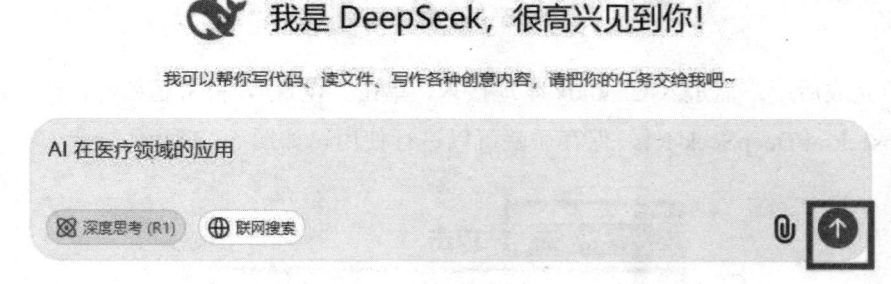

图 5-9　输入指令进行检索

用户得到搜索结果后，可以根据简介快速判断是否是自己需要的内容，然后单击链接进入详情页面，获取更详细的信息，如模型的参数介绍、应用案例的具体分析等。

通过以上简单的步骤，用户能够轻松访问 DeepSeek 网页版，并熟练运用其对话功能，挖掘出所需的知识和资源。

5.2.3 API 版：获取密钥、开发配置

当用户使用 DeepSeek API 进行开发时，获取密钥和完成开发配置是关键的步骤。

首先，用户打开常用的浏览器，登录 SiliconFlow 官方网站（https://siliconflow. cn/zh-cn/）进行账号注册。注册完成后，在左侧导航栏中找到"API 密匙"，单击 "新建 API 密匙"，系统会根据用户的申请生成专属的 API 密钥。密钥通常由一串 复杂的字符组成，务必妥善保管，不要泄露给他人，它是调用 DeepSeek API 的 重要凭证，单击"复制"，用户便可获得密钥，如图 5-10 和图 5-11 所示。

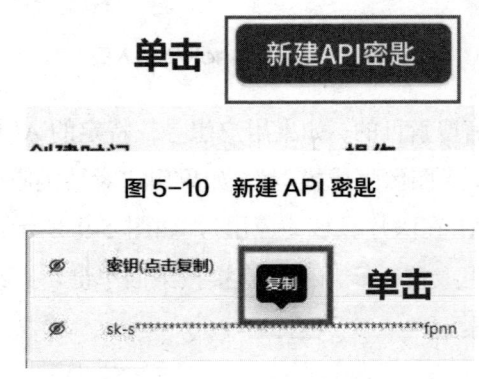

图 5-10　新建 API 密匙

图 5-11　复制密匙

完成后用户需进入 Chatbox 本地接入，单击"设置"，将密匙粘贴，模型选择 deepseek-ai/DeepSeek-R1，保存后就可以进行使用，如图 5-12 所示。

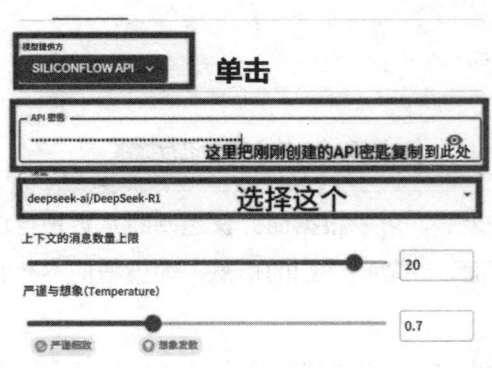

图 5-12　接入 Chatbox 进行使用

拿到密钥后，在开发环境中用户可以根据所使用的编程语言和开发框架进行相应的配置。以 Python 开发为例，在项目的代码文件中，用户可以引入相关的 API 调用库，若没有安装，可通过包管理工具进行安装。

在代码中设置请求头，将获取的 API 密钥添加到请求头中，以确保每次请求都能够通过身份验证。例如，在 Python 的 requests 库中，可以这样设置（见图 5-13），将 your_api_key 替换为实际获取到的密钥。

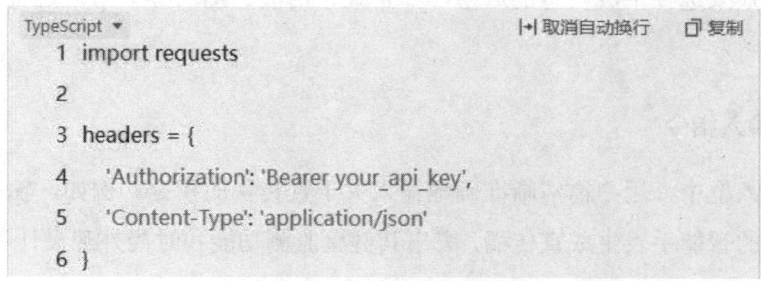

```
TypeScript ▼                              ↤ 取消自动换行    □ 复制
1  import requests
2
3  headers = {
4     'Authorization': 'Bearer your_api_key',
5     'Content-Type': 'application/json'
6  }
```

图 5-13　在 Python 中替换实际密匙

用户根据 DeepSeek API 的文档说明，设置请求的 URL（Uniform Resource Locator，统一资源定位符）和参数。不同的 API 功能对应不同的 URL 和参数要求，例如，用户调用文本生成功能，需在 URL 中指定相关接口路径，并在请求参数中设置输入文本、生成长度等参数。

完成以上获取密钥和开发配置步骤，用户就可以在开发项目中顺利调用 DeepSeek API，开启 AI 开发之旅。

5.2.4　实战：用网页版 DeepSeek 生成宣传稿

用户在使用网页版 DeepSeek 生成宣传稿时，能够借助其强大的 AI 功能快速生成高质量内容。以下是详细的操作步骤。

1. 进入 DeepSeek 网页版

用户打开常用的浏览器，进入"DeepSeek 官网"。用户登录账号后（若没有账号，需先完成注册），在网页版的主界面中找到与内容创作相关的入口，单击进入创作界面。

2. 设置生成参数

在创作界面中，DeepSeek 会有一系列参数设置选项。对于宣传稿，用户首先应明确宣传的对象，比如是产品、活动还是服务。然后用户便可以根据宣传对象和目标受众来选择生成内容的风格，如正式、活泼、幽默等。用户还可以设置字数要求。

3. 输入指令

在输入框中，用户需清晰准确地输入关于宣传稿的指令。例如，输入"为一款新推出的智能手表生成宣传稿，突出其健康监测功能和时尚外观设计"。用户输入的指令越详细，DeepSeek 生成的内容就越贴合需求。

4. 生成内容

单击"生成"按钮，DeepSeek 会根据设置的参数和输入的指令，在后台进行搜索和思考。这一过程可能需要几秒钟到几十秒钟不等，具体时间取决于内容的复杂程度和服务器负载情况。

5. 内容优化

DeepSeek 生成的宣传稿可能存在一些小瑕疵，如语句不通顺、逻辑不够连贯等。此时，用户需要对内容进行人工优化。用户需检查宣传稿中的语法错误，调整段落结构，确保其能够准确传达信息，吸引目标受众。用户还可以根据实际情况补充一些具体的数据、案例等，以增强宣传稿的可信度和说服力。

通过以上步骤，用户能够利用网页版 DeepSeek 高效地生成一篇优质的宣传稿，助力宣传工作的开展。

5.3　DeepSeek 本地化部署

数据安全与定制化需求愈发重要，DeepSeek 本地化部署为企业及开发者提供了创新解决方案。此方案支持企业及开发者在本地环境中运行 DeepSeek，实现对数据的自主管理与控制，同时能够依据特定业务场景进行灵活优化。

5.3.1　是否有必要做 DeepSeek 本地化部署

企业及开发者是否有必要进行 DeepSeek 大模型的本地化部署，需要结合行业特性、数据安全需求、成本预算及技术能力等多维度进行综合考量。下面将从必要性、适用场景及潜在挑战三个方面展开分析。

在必要性方面，从以下 3 个角度进行分析。

（1）数据安全与隐私合规。对于金融、医疗、政务等涉及敏感数据的行业，本地化部署能实现数据闭环管理，避免第三方云端传输风险。例如，医疗机构的患者诊疗数据需符合《中华人民共和国个人信息保护法》要求，本地部署可确保训练数据、交互记录完全存储于私有服务器中，降低数据泄漏风险。同时，在跨境数据流动监管趋严的背景下（如欧盟的 GDPR、我国的《数据安全法》），本地化部署可规避法律合规隐患。

（2）定制化需求与性能优化。企业需将大模型深度融入自有业务系统（如智能客服系统、供应链系统等），本地部署支持对模型架构、参数及训练数据的有针对性优化。例如，制造业企业可基于设备传感器数据微调模型，提升故障预测精度；开发者也能通过 API 灵活调用模型能力，实现与 ERP、CRM 系统的深度集成，减少云端服务的调用延迟。

（3）长期成本与自主可控性。高频调用场景下（日均百万级请求），本地化部署的边际成本低于云端 API 的持续费用支出。某互联网公司测算显示，3 年周期内自建 GPU（Graphics Processing Unit，图形处理器）集群的成本比云服务低 40%。

此外，本地部署可避免供应商锁定的风险，确保业务连续性，尤其在涉及核心竞争力的场景中（如算法专利研发）更具战略价值。

本地化部署的适用场景主要包括：

（1）强监管行业。金融风控、法律文书生成等场景必须满足数据不出域要求。

（2）高并发实时系统。自动驾驶、工业质检等低延迟需求场景需本地化部署以保证响应速度。

（3）垂直领域专业化。教育、能源等行业需融合领域知识库，通过持续训练提升模型专业度。

本地化部署的潜在挑战主要体现在以下几个方面。

（1）硬件与运维成本。大型企业需配备至少 8 卡 A100 级 GPU 服务器，初期投入超百万元。中小企业可采用混合云模式，将非敏感任务分流至云端。

（2）技术门槛。对于大型企业来说，需具备模型蒸馏、分布式训练等能力，适合与 DeepSeek 官方合作获取部署支持及持续更新服务。而小型企业技术相对不成熟，进行 DeepSeek 本地化部署具有一定的难度。

（3）算力利用率优化。企业进行本地化部署，可通过 Kubernetes 实现动态资源调度，结合模型量化（FP16/INT8）提升推理效率，部分场景可压缩算力消耗，从而实现利用率优化。

本地化部署是特定行业数字化转型的刚需选择，但需平衡 ROI（Return on Investment，投资回报率）与技术要求。企业应优先评估数据敏感性、业务耦合度及长期规划，开发者则可借助容器化方案降低部署复杂度，逐步构建自主 AI 能力。

5.3.2 达人必备：本地化部署教程

对于追求高效和数据自主掌控的达人来说，DeepSeek 本地化部署能够带来更个性化的体验。下面将详细介绍部署步骤。

首先要确保硬件达标，用户需准备一台性能强劲的服务器，配备足够的内存、CPU 核心数及大容量的存储设备，以支撑 DeepSeek 运行。同时，用户还需准备好一个稳定的网络环境，方便下载相关文件和依赖包。另外，用户还需安装合适的操作系统，如 Linux 系统中的 Ubuntu 或 CentOS。

前期准备完成后，用户可以访问 DeepSeek 官方网站，在下载专区找到适用于本地化部署的安装包，根据服务器操作系统选择对应的版本，单击下载并耐心等待下载完成。

安装包下载完成后，用户需解压文件。在解压目录中，用户找到依赖项安装说明文档。按照文档指引，用户使用包管理工具安装所需的依赖库和软件，这一步骤是确保 DeepSeek 能够正常运行的关键。

进入 DeepSeek 安装目录，用户需要找到配置文件。用户根据自身需求配置关键参数，如数据存储路径、端口号、模型加载路径等。例如，用户可以将数据存储路径设置为服务器中大容量存储设备的特定目录，避免数据存储不足的问题。

完成参数配置后，用户就可以执行启动命令，启动 DeepSeek 服务。启动过程中，用户需密切关注命令行输出，查看是否有报错信息。如果一切正常，则 DeepSeek 服务将成功启动，用户可以通过浏览器访问指定的 IP 地址和端口号，进入 DeepSeek 本地化部署界面，开启个性化的使用之旅。

掌握这个教程，用户就能够轻松完成 DeepSeek 本地化部署，享受更灵活、高效的服务。

5.3.3　本地化部署商业生态展望

DeepSeek 本地化部署模式成为企业构建核心竞争力的关键。这一模式不仅重塑了技术应用场景，还将推动商业生态向更安全、高效和自主的方向演进。

1. 核心优势驱动商业价值重构

DeepSeek 的本地化部署通过将 AI 模型与算力资源直接嵌入企业自有服务器，解决了数据隐私与合规的核心痛点。金融、医疗等敏感行业可借此实现数据"不出门"，规避云端传输风险，满足 GDPR 等法规要求。同时，本地化部署赋予企业高度自主权，支持根据业务需求定制算法模型。例如，制造业可针对设备故障预测开发专属模型，零售业可构建个性化推荐系统，这使 AI 真正融入业务闭环，提升决策效率。从成本角度看，尽管企业初期投入较大，长远来看，可减少对第三方云服务的依赖，尤其是数据规模庞大的企业，具有显著的经济性优势。

2．多行业应用场景的生态延展

在金融领域，本地化部署的 DeepSeek 可实时分析交易数据，强化反欺诈与风控能力。工业场景中，通过与物联网设备直连，实现生产线的预测性维护。医疗行业借助本地化模型处理患者数据，既能保障隐私又能加速诊断流程。零售企业则可构建私有化客户画像系统，动态优化供应链与营销策略。这种渗透各垂直领域的应用，正在催生"AI+行业"的生态矩阵，推动跨领域数据价值挖掘。

3．生态演进中的挑战与突破

技术门槛与运维成本仍是主要障碍，企业需组建复合型团队以应对模型优化、硬件维护等挑战。行业间数据标准不统一也制约了协同效应，未来企业需建立开放架构促进跨系统集成。值得关注的是，边缘计算与 5G 技术的融合将提升本地化 AI 的实时响应能力，而模块化解决方案的兴起有望降低部署难度。头部企业已开始构建基于 DeepSeek 的行业知识库，通过沉淀领域经验形成可复用的智能资产。

DeepSeek 本地化部署的商业生态充满机遇，有望在多行业融合与合作中不断发展壮大，成为推动商业数字化变革的重要力量。

第6章
指令输入：正确表达需求与任务

用户在使用 DeepSeek 时，清晰、具体的指令输入是高效获得理想结果的关键。不同于传统程序依赖固定代码，DeepSeek 通过自然语言交互理解用户意图，其灵活性与用户表达能力密切相关。用户在进行需求描述或任务分解时，要进行正确的表达，避免导致输出偏差或重复调整。同时，用户需注重结构化表达及平衡细节的丰富性与简洁性，避免冗长或矛盾描述。

6.1 解构强大的指令 DNA

用户在使用 DeepSeek 过程中，指令作为驱动智能系统运行的核心要素，具有重要作用。从基础设备的操作指令集，到复杂系统的调度算法，指令的有序执行构建起现代信息技术的底层架构。DeepSeek 精准解构其强大的指令 DNA，能够让用户洞悉指令背后的逻辑，挖掘出更高效的交互方式。

6.1.1 指令的形式

在使用 DeepSeek 时，用户通过输入指令可以得到想要的答案。指令一般包括两种形式：开放式指令与封闭式指令。这两种指令有着显著差异。

封闭式指令通常具有明确的限定范围与预设答案。例如，"今天是星期几？"这个指令的答案被限定在一周七天之内，DeepSeek 只需从既定的选项中给出准确答案即可。这种指令常用于获取确切、具体的信息，在一些对结果准确性和规范性要求高的场景中，如考试答题、财务数据统计等十分适用，用户能够高效且精准地得到期望的结果。

而开放式指令则不同，它给予 DeepSeek 广阔的发挥空间。例如，"谈谈你对人工智能未来发展的看法"这个指令，该指令没有固定的标准答案，DeepSeek 可基于自身知识储备、经验和思考，从技术突破、社会影响、伦理问题等多方面展开论述。开放式指令激发的是多样化、创新性的思维，常用于激发创意、促进讨论的场景，如头脑风暴会议、学术研讨等。

从应用场景来看，封闭式指令适用于执行层面，能够快速推动任务进展，保证工作效率。而开放式指令更适合在探索、规划阶段使用，助力开拓思路、挖掘潜在价值。

两种指令各有优势，在实际沟通和任务安排中，用户应根据具体需求合理选择。用户如果追求效率与确定性，封闭式指令是首选；如果旨在激发创新、收集多元观点，开放式指令则能更好地达到目的。用户只有灵活运用这两种指令，才能在不同情境下获得最优沟通效果和最优任务完成质量。

6.1.2　指令包含的三大元素

在 DeepSeek 中输入的指令，往往包含信息类、结构类和控制类三大关键元素。它们共同协作，助力指令精准传达与高效执行。

信息类元素是指令的核心内容，主要用于提供具体的、实质性的数据和知识。例如，在"查询 2023 年全球汽车销量排名前十的品牌"指令中，"2023 年""全球汽车销量""排名前十的品牌"都属于信息类元素，明确了指令所需查询的具体信息范畴，为系统提供精确的数据需求方向，确保搜索结果能够紧密贴合用户期望。

结构类元素决定了信息的组织和呈现方式。例如，用户输入指令"以表格形式展示中国近五年的 GDP 增长数据"，"以表格形式"就是结构类元素，它规定了数据的展示结构，让用户更直观、清晰地获取信息。通过设定结构，DeepSeek 能够使复杂的数据或内容以有条理的形式呈现，便于用户理解和分析。

控制类元素则用于对指令执行过程进行调控。例如，指令"优先获取权威来源的数据"和指令"仅显示最新的研究成果"，其中"优先""仅"等词汇就是控制类元素。它们能够引导系统按照特定规则筛选、处理信息，提高信息获取的质量和效率，确保给出的结果符合用户对权威性、时效性等方面的要求。

这三类元素相互配合，信息类元素明确内容，结构类元素规范呈现形式，控制类元素优化执行过程。用户在 DeepSeek 中输入指令时，合理运用这三大元素，能够更精准地表达需求，从而获得更满意、更高效的服务，提升信息交互的质量与效果。

6.1.3　指令元素组合矩阵

为了使用户更清晰地理解 DeepSeek 指令输入，构建指令元素组合矩阵是一个有效的方法。矩阵以信息类、结构类、控制类这三种指令元素为维度进行构建。

在信息类维度，指令元素组合矩阵涵盖各种具体信息，如时间、地点、人物、事件等，如"2024 年""北京""张三""产品发布会"。这些基础信息是指令的核心内容。

在结构类维度，指令元素组合矩阵涵盖列表、表格、段落、图表等不同呈现形式。列表形式可用于列举事项，如"以列表形式列出畅销书籍"；表格能够清晰展示数据对比，如"用表格呈现不同季度的销售业绩"；段落适用于阐述观点，如"以段落形式阐述项目优势"；图表则能够直观展现数据趋势，如"以柱状图展示过去五年的市场份额变化"。

控制类维度包含筛选、排序、优先级设定等指令。筛选指令如"只显示好评率 90% 以上的产品"；排序指令如"按价格从高到低排列商品"；优先级设定指令有"优先推荐热门景点"。

通过将这三个维度进行组合，可以形成丰富多样的指令。例如，"以表格形式，按销量从高到低，展示 2024 年上半年电子产品的销售数据"，这个指令就融合了信息类的"2024 年上半年""电子产品销售数据"，结构类的"表格形式"，以及控制类的"按销量从高到低"。

指令元素组合矩阵能够帮助用户更有条理地组织指令、更精准地表达需求，使 DeepSeek 更准确地理解并执行指令，从而提供更符合用户期望的结果，提升用户与 DeepSeek 交互的效率和质量。

6.1.4 案例：程序员指令出错导致代码 Bug

程序员小李负责开发一款电商平台的用户订单管理模块，使用 DeepSeek 辅助代码编写。他期望 DeepSeek 生成一段 Java 代码，实现根据用户 ID 查询历史订单并按订单金额降序排列的功能。

小李在 DeepSeek 上输入指令"写个 Java 代码，查询用户订单，按金额排序"。此指令未明确指出查询依据是用户 ID，DeepSeek 无法精准理解其需求，生成的代码无法关联到特定用户订单，导致后续数据查询混乱，成为潜在的代码 Bug 源头。

此外，指令中未提及订单金额的排序方式是降序，DeepSeek 默认生成的代码可能按升序排列，这与小李的需求不符。在实际业务场景中，按升序展示订单金额无法满足快速定位大额订单等需求，引发功能性 Bug。

小李未说明用 ID 和订单金额的数据类型，DeepSeek 生成的代码可能因数据类型不匹配，在执行数据库查询或数据处理时出现错误。例如，数据库中用户 ID 为字符串类型，而代码中误将其当作整数处理，就会导致数据无法被正确查询，引发程序崩溃或异常结果。

由于这些指令错误，生成的代码在集成测试阶段频繁报错。查询结果不准确，无法定位到指定用户订单，且订单金额排序混乱，严重影响了订单管理模块的功能完整性和用户体验。如果未及时发现并修复这些指令错误，可能导致电商平台用户无法正确查看订单历史信息，影响平台运营，甚至造成经济损失。

此案例表明，用户在使用 DeepSeek 输入指令时，务必做到清晰、准确、详细。明确业务逻辑的关键要素，如查询条件、数据处理方式、数据类型等。在输入指令后，用户需仔细检查生成的代码逻辑。一旦发现与预期不符，就要及时调整指令，进行迭代优化，从而避免因指令错误引入代码 Bug，提升开发效率与代码质量。

6.2　常用指令类型及公式

在 DeepSeek 中输入指令实现高效交互的过程中，熟悉常用指令类型及其公式具有重要意义。指令类型和公式是实现智能服务精准对接的关键，能够使需求与回应实现精确匹配。不同类型的指令具备独特的功能，与之对应的公式则为指令的表达提供了规范。接下来将深入探讨 DeepSeek 常用指令，分析如何运用这些指令构建更加顺畅、高效的沟通渠道。

6.2.1　扮演专家型指令

DeepSeek 的扮演专家型指令是自然语言处理技术的一种应用范式，旨在驱使模型通过模拟特定领域专家的认知与表达模式，实现对相关问题的深度思考与解答。该指令模式依托于对大规模领域专业语料的深度学习，结合先进的语言理解与生成算法，赋予模型模拟领域专家的能力，使其能够基于专业知识体系，针对特定领域问题提供精准、系统且深入的分析与解答。

例如，用户在 DeepSeek 上输入"假设你是诺贝尔经济学奖得主，请用通俗的比喻解释通货膨胀的传导机制，最后用一句话总结核心观点"，可以得到一份答案，如图 6-1 所示。

通货膨胀的传导机制就像一场"烤面包店多米诺"：

假设整个经济是一家烤面包店。最初人们突然都想要吃现烤面包（需求激增），但烤炉容量有限（供给瓶颈），面包师只能提高价格（需求拉动型通胀）。接着面粉厂发现黄油也涨价了（原材料成本上升），于是对面包店加价（成本推动型通胀）。这时中央银行送来一车免费面粉券（货币超发），顾客拿着更多券来抢购，即使烤炉修好了，面包价格还是下不来（货币贬值效应）。最后街坊们开始传言"明天面包要断货"，主妇们提前囤积三倍的面包（通胀预期固化），结果真的导致面包持续短缺。

核心观点：通货膨胀的扩散就像多米诺骨牌效应，一旦某个环节价格上涨，会通过供需关系、成本转移、货币流通和公众预期层层传递，最终形成全面物价上涨的连锁反应。

图 6-1　扮演专家型指令及结果

根据以上示例可以将公式归纳为

（1）假设你是[专业角色]；

（2）请[执行任务]；

（3）要求[输出格式]。

DeepSeek 的扮演专家型指令在很多场景发挥重要作用。在线教育中，面对学科问题，用户可以借助这种指令获得专家视角的解答，拓展知识，提升学习效果；在企业咨询方面，该指令模拟行业专家，依据各类数据和情况为企业战略规划等提供专业建议；在专业性强的智能客服领域，该指令可准确解答产品相关疑问，提升客户满意度。

6.2.2 知识蒸馏型指令

DeepSeek 的知识蒸馏型指令在设计过程中深度融合其自身的模型架构与训练体系。DeepSeek 通过精确识别教师模型中对语言理解、文本生成等核心能力具有决定性影响的知识模块，将这些模块转化为适宜学生模型学习的指令形式。核心目的是把教师模型（通常是复杂且性能强劲的模型）所具备的知识，高效转移至学生模型（相对简单、轻量级的模型）。

例如，用户可在 DeepSeek 中输入指令"请将《史记》核心思想提炼为 7 个记忆锚点，采用首字母联想法，每个锚点不超过 10 个字"，可以得到一份答案，如图 6-2 所示。

《史记》核心思想7大记忆锚点（首字母联想法 S-T-R-I-D-E-S）

1. S实录直书（秉笔直书，不隐恶）

2. T通变古今（贯通历史脉络，探求规律）

3. R人本纪传（以人物为中心，首创纪传体）

4. I鉴往兴衰（以史为镜，总结治乱因果）

5. D多元载录（包容阶层，记录游侠、商贾等群体）

6. E二重批判（讽帝王之失，揭社会矛盾）

7. S史家绝唱（文史合一，开创正史范式）

图 6-2 知识蒸馏型指令及结果

根据图 6-2 可将知识蒸馏型指令的公式概括为

（1）将[复杂内容]压缩为[数量]个要点；

（2）遵循[记忆原理]；

（3）采用[记忆方法]。

在文本分类、情感分析、机器翻译等任务中，用户可以运用知识蒸馏型指令将大型预训练语言模型（如 DeepSeek 等）的知识转移到小型模型中，降低部署成本。在图像分类、目标检测、语义分割等任务中，用户可借助知识蒸馏型指令让小模型学习大模型的视觉特征，提升小模型性能。在内容上，用户可借助知识蒸馏型指令压缩知识点，提取核心内容，从而降低记忆难度。

6.2.3　颗粒度调节型指令

DeepSeek 的颗粒度调节型指令作为一种允许用户依据自身需求对模型输出信息的详细程度进行灵活调控的指令模式，具有重要的应用价值。其通过设定差异化的指令参数，促使模型能够在宏观、中观及微观等多元尺度下，对问题展开全面且深入的分析与解答，有效规避单一视角可能带来的局限性，助力用户从多个维度对问题进行深度洞察。

以新能源汽车为例，用户输入指令"请从宏观、中观、微观三个视角分析新能源汽车的市场前景，每个层面提供 3 个关键洞察"，可以得到一份答案，以下是截取部分，如图 6-3 所示。

新能源汽车市场前景分析：宏观、中观、微观视角

一、宏观视角：全球趋势与政策驱动

1. 碳中和政策加速渗透

全球主要经济体（中国、欧盟、美国）通过碳税、燃油车禁售令、补贴政策等推动新能源汽车普及。中国"双碳"目标明确，欧盟《2035禁售燃油车法案》倒逼车企转型，美国《通胀削减法案》强化本土供应链。

2. 能源结构转型与技术革命

图 6-3　颗粒度调节型指令及结果

根据示例，可将颗粒度调节性指令的公式概括为

（1）用[宏观/微观/中观]视角分析[问题]；

（2）每个层面包括[数量]个要点；

（3）需覆盖[具体维度]。

DeepSeek 的颗粒度调节型指令应用广泛。在学术研究中，撰写论文时用户能够借助该指令从宏观梳理、从中观分析热点、从微观剖析方法，构建研究思路与论文结构；在商业决策中，该指令能够帮助管理者分析宏观形势、中观竞争、微观自身情况，做出科学决策；在数据分析中，该指令能够帮助分析师全面理解数据，为业务决策提供支持。

6.2.4　时间轴推演型指令

DeepSeek 的时间轴推演型指令作为自然语言处理技术框架下的一种指令范式，赋能模型依据给定的事件集合、数据结构或知识体系，在时间维度中开展逻辑演绎与预测分析。模型借助对海量蕴含时间序列信息的数据进行深度学习，并耦合其内在的语言理解与推理机制，得以沿着时间轴对事件的演进态势、变化规律进行合理的剖析与预判。

例如，用户在 DeepSeek 中输入指令"请绘制 AI 技术发展路线图：1.回顾 2020—2024 年关键突破；2.预测 2025—2026 年发展方向；3.分析可能出现的商业机会"，可得到如下答案，以下是截取部分，如图 6-4 所示。

根据以上示例，可将时间轴推演型指令的公式归纳为

（1）追溯[事件]的关键转折点；

（2）预测[时间点]的演变方向；

（3）分析可能出现的[机会/风险]。

DeepSeek 的时间轴推演型指令基于自然语言处理技术，能够让模型依据给定信息在时间维度上进行逻辑推演和预测。它具有时间逻辑连贯性、数据与知识融合的特点，可以为企业或用户把握发展脉络、识别关键节点及预测未来趋势助力。其在经济预测、科研项目规划、舆情分析等场景应用广泛，助力企业及用户决策与风险预警。

AI技术发展路线图

一、2020-2024年关键突破回顾

1. **大模型与生成式AI爆发**

   - **2020-2022**：GPT-3、DALL-E等模型开启文本/图像生成新纪元；AlphaFold2破解蛋白质折叠难题。
   - **2023-2024**：多模态模型（GPT-4V、Sora）实现跨模态生成；开源模型（LLaMA、Stable Diffusion）推动行业普惠化。
   - **应用场景**：AI辅助编程（GitHub Copilot）、虚拟助手（ChatGPT）、创意设计（MidJourney）。

2. **AI技术落地加速**

   - **自动驾驶**：Tesla FSD实现L3级城区驾驶，Waymo Robotaxi在美商业化。
   - **AI制药**：AI加速药物研发周期（如Insilico Medicine首款AI设计药物进入临床）。
   - **边缘计算**：AI芯片（H100、TPU v5）支撑端侧AI（如手机影像、智能家居）。

图6-4　时间轴推演型指令及结果

6.2.5　情境模拟型指令

DeepSeek 的情境模拟型指令作为一种旨在驱动模型依据预设情境设定，对真实场景中的多元要素及其交互进行模拟的指令范式，促使模型生成与之对应的分析结果、决策建议或反馈信息。通过对海量异质场景数据的深度学习，DeepSeek 能够精准捕捉各类情境的本质特征与内在规律。

例如，用户输入指令"模拟新品发布会场景：1.现场流程安排；2.突发情况预案；3.应急处理方案"，可得到以下答案，截取部分如图 6-5 所示。

以下是一个模拟 **新品发布会** 的完整场景规划，涵盖现场流程安排、突发情况预案及应急处理方案：

一、现场流程安排

时间：14:00-17:00
地点：国际会展中心A厅
流程设计：

1. **签到与暖场（14:00-14:30）**

   - 嘉宾签到区：设置电子签到系统，发放定制礼品袋（含产品手册、品牌周边）。
   - 互动体验区：提前展示产品核心功能（如AR/VR体验、实物模型），媒体拍照打卡。
   - 暖场视频：循环播放品牌宣传片及产品研发纪录片。

图6-5　情境模拟型指令及结果

根据示例，可将情景模拟行型指令的公式归纳为

（1）模拟[具体场景]；

（2）预演[可能情况]；

（3）制定[应对策略]。

DeepSeek 的情境模拟型指令在多领域发挥重要作用。在教育培训方面，该指令能够创建律师法庭辩论等工作场景，助力学员实践，提升应对能力；在应急管理方面，该指令通过模拟地震、火灾等灾害场景，为相关部门提供科学的预案建议；在游戏开发方面，该指令可生成小镇生活场景等，增加游戏的趣味性与真实感，提升玩家体验。

6.3 高手指南：如何让指令效果倍增

在 AI 时代，指令是用户与 AI 协作的核心纽带。优化指令可使 AI 输出准确率得到提升。许多用户常陷入"指令模糊→结果偏差→反复修正"的低效循环，其症结在于未掌握精准表达的艺术。用户使用精确的指令可以让效果倍增。有效指令需融合目标明确性、场景具象化和思维引导三重维度。

6.3.1 正确定义需求，减少模糊性

在 AI 交互中，用户需正确定义需求，实现精准输出。用户可以从需求结构化、场景具象化和逻辑显性化三个维度重构指令设计，以下是系统性解决方案。

首先，用户在输入指令前要明确关键信息。以寻求内容创作建议为例，如果用户简单输入"给我一些创作建议"，DeepSeek 很难理解用户的具体需求。但如果用户将表述改为"针对撰写科技类公众号推文，提供选题和开头创作建议，目标受众是对前沿科技感兴趣的年轻群体"，就明确了创作领域、体裁、目标受众等关键信息，DeepSeek 能给出更具针对性的回复。

其次，用户需提供必要的背景细节。例如，用户希望借助 DeepSeek 解决代码

Bug 问题，只输入"我的代码有 Bug"远远不够。用户应详细说明代码的功能、使用的编程语言、出现问题的具体操作步骤及报错信息等，这样全面的背景信息能帮助 DeepSeek 快速定位问题。

再者，用户应使用准确的术语和行业词汇。以金融领域为例，用户输入"帮我分析市场情况"太过笼统。用户可以改为"分析当前 A 股市场中半导体板块的近期走势及投资风险"，运用专业术语能使指令更精确，DeepSeek 也能凭借专业知识储备，给出更专业、深入的分析。

最后，用户所输入的指令要避免一词多义的表述。汉语词汇丰富，很多词有多种含义。例如，用户输入指令"苹果"，如果不明确语境，DeepSeek 无法判断该指令指的是水果还是苹果公司。所以，用户要清晰界定词汇含义，例如，"帮我查询苹果公司最近一个季度的营收数据"。

用户在输入指令时，通过明确关键信息、提供背景细节、运用准确术语和避免歧义表述，就能正确定义需求，减少模糊性，充分发挥 DeepSeek 的强大功能，获得更满意的结果。

6.3.2 在指令中加入引导性问题

在使用 DeepSeek 时，用户巧妙地在指令中加入引导性问题能够显著提升交互质量，获取更精准、更具深度的回答。以下将详细介绍 3 种实用方式，如图 6-6 所示。

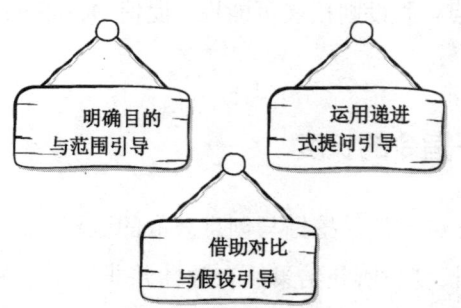

图 6-6 在指令中加入引导性问题的 3 种实用方式

1. 明确目的与范围引导

在指令开头，用户需清晰阐述期望探讨的主题，并通过提问界定回答范围。例如，用户可将指令"关注人工智能在教育领域的应用"优化为"在现代教育体系中，人工智能正发挥着越来越重要的作用。那么，人工智能主要应用于哪些教育场景？其应用效果如何？"这能够让 DeepSeek 明确用户聚焦的领域及具体想探究的方面，避免回答过于宽泛或偏离重点。

2. 运用递进式提问引导

用户需将复杂问题拆解成层层递进的小问题，引导 DeepSeek 逐步深入分析。例如，对于"如何提升城市交通拥堵治理效果"这一问题，用户可以这样表述："城市交通拥堵日益严重，当前主要的交通拥堵原因有哪些？基于这些原因，过往采取的治理措施取得了怎样的成效？在此基础上，未来还能从哪些角度创新，进一步提升治理效果？"这样的递进式提问可以确保回答逻辑清晰，全面覆盖问题的各个层面。

3. 借助对比与假设引导

用户通过对比不同事物或假设特定情境，激发 DeepSeek 从多元视角思考问题。以探讨新能源汽车的发展为例，用户可将指令设计为"新能源汽车与传统燃油汽车相比，在能源利用效率、环境污染程度及长期使用成本上有哪些显著差异？"对比能突出特点，假设则拓展可能性，促使 DeepSeek 给出更具前瞻性和启发性的答案。

6.3.3 控制好指令的长度

在依托 DeepSeek 进行信息挖掘与创意获取的过程中，指令扮演着至关重要的角色。然而，指令的长度与所获结果的有效性并非呈正相关。精准且有效的指令才能促使 DeepSeek 迅速理解用户意图，进而生成高度契合用户需求的反馈。接下来将深入探究控制 DeepSeek 指令长度的核心技巧与实践方法。

首先，用户需精简指令内容，包括对指令进行全面审核，识别并剔除重复、冗余及无关的表述。例如，对于指令"请你详细地、全面地、具体地阐述电商平台的运营模式"，其中"详细地""全面地""具体地"语义高度相似，保留其一即可。优化后的指令为"请详细阐述电商平台的运营模式"，使指令表述更为简洁、精准。

其次，用户需分解复杂问题。对于复杂问题，如果用户在单一指令中完整表述，不仅指令长度会显著增加，还可能导致 DeepSeek 理解困难。例如，用户可将"如何提升企业在国际市场的竞争力，涉及品牌建设、营销策略等多个方面"这一问题分解为"企业在国际市场进行品牌建设的有效途径有哪些？""针对国际市场行之有效的营销策略有哪些？"等多个问题。如此分解后，各指令篇幅简短，便于 DeepSeek 准确回应。最后对各答案进行整合，即可解决复杂问题。

最后，用户需使用规范语言，避免使用生僻词汇、复杂句式和模糊表述。例如，避免使用"那个啥，就是关于线上教育的发展态势咋样"这类表述，应规范表述为"线上教育的发展态势如何？"。规范且简洁的语言可使 DeepSeek 快速理解指令意图，降低误解概率，从而提高交互效率。

在使用 DeepSeek 时，用户应控制指令长度并进行不断优化，使其在简洁与准确间达成平衡，引导 DeepSeek 输出优质回答，充分释放其潜能。

6.3.4　多次迭代，别期待一次成功

用户在使用 DeepSeek 时，除了注意以上几点，多次迭代指令也是获取理想结果的关键。

用户初次向 DeepSeek 输入指令，可能无法获取完全符合需求的回复，这可能源于用户指令表述不够精确，或遗漏了关键信息。例如，用户输入的初始指令为"如何提升公司业绩"，得到的回复或许较为宽泛、缺乏针对性。此时，用户需对指令进行迭代优化。用户可深入分析公司业绩涉及的具体维度，将指令细化为"如何通过优化市场营销策略，提升公司产品在目标客户群体中的销售额"，从而引导 DeepSeek 提供更具针对性的建议。

在迭代过程中，参考 DeepSeek 上一轮的回答是重要方法。用户询问"线上教育有哪些发展趋势"，它给出的回答包含技术应用、课程模式等方面，若用户对技

术应用中的 AI 部分感兴趣，便可基于此进行二次提问："在人工智能应用于线上教育方面，目前有哪些具体的技术手段，它们对线上教育发展起到了怎样的推动作用？"

同时，在多次迭代中，用户要始终关注指令长度的控制。每次细化问题时，避免添加过多无关信息，保持指令简洁明了。

用户可持续优化指令，不断缩小与期望答案的差距，经过多次迭代，最终就能得到更符合需求的精准回答，充分利用 DeepSeek 的强大功能。

6.3.5 实战：设计一个淘宝店文案指令

在实战过程中，用户可结合以上要素输入指令。以设计一个淘宝店文案为例，结合用户需求和电商文案核心要素，DeepSeek 可帮助用户高效生成优质文案，如图 6-7 所示。

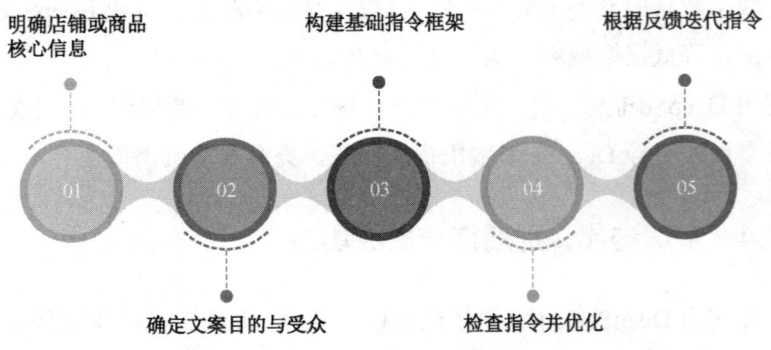

图 6-7 设计淘宝店文案指令的步骤

1. 明确店铺或商品核心信息

用户需确定是为店铺整体还是某款商品创作文案。如果是某款商品，要明确商品的名称、类别、价格等。例如，用户卖的是一款智能电动牙刷，核心信息包括声波震动技术、多种清洁模式、续航能力强等。

2. 确定文案目的与受众

用户需思考文案是用于吸引新顾客、促进购买，还是维护老客户等。同时明确目标受众，例如，电动牙刷针对注重便捷、高效和时尚外观的年轻上班族，那么文案就要围绕这些需求特点进行设计。

3. 构建基础指令框架

基于上述信息，用户可在 DeepSeek 上输入基础指令，例如"为一款面向年轻上班族的智能电动牙刷创作促销文案，突出声波震动技术、多种清洁模式和长续航的卖点，目的是吸引他们购买"。这个指令直接点明了商品、受众、卖点和文案目的，简洁明了。

4. 检查指令并优化

用户需检查指令是否包含冗余信息、表达是否清晰准确。如果发现指令中有重复或模糊的表述，及时修改。例如，"这款电动牙刷拥有超强的清洁能力，清洁效果非常好"存在表述重复的问题，可改为"这款电动牙刷凭借声波震动技术，清洁能力出众"。

5. 根据反馈迭代指令

如果 DeepSeek 给出的文案不符合预期，用户需参考其回答分析问题所在。例如，文案没有突出续航卖点，可调整指令为"重新为这款智能电动牙刷创作促销文案，着重突出长续航这一卖点，同时兼顾其他优势，语言更具吸引力"。通过多次迭代，用户可获得满意的文案。

在构建淘宝店文案指令时，用户需清晰界定指令内容，并根据实际效果进行适当优化，从而引导 DeepSeek 生成高度契合需求的高质量文案。这不仅有助于在淘宝平台精准吸引目标客户，还将显著提升店铺的销售业绩，为店铺的长期发展奠定坚实基础。

第 7 章
问题处理：一键式排忧解难

从"一句话答疑"到"系统性解题"，DeepSeek 以其强大的自然语言理解与内容生成能力大幅提升用户处理问题的效率。无论是生活疑问、学习难题还是专业领域的复杂问题，DeepSeek 都能够给出合适的回答。在提问过程中，针对不同难度的问题，用户需要使用不同的提问方式，做好不同问题的处理。

7.1 基础问题处理：直接对话

对于生活疑问、生成计划这类基础问题，DeepSeek 能够理解用户需求并直接给出回答。在利用 DeepSeek 处理基础问题时，用户用自然语言进行描述，并结合一些提问技巧，即可得出满意的答案。

7.1.1 准确描述问题

用户用自然语言描述问题，DeepSeek 就能进行分析处理并给出结果。要想得到满意的回答，用户需要掌握一定的提问技巧，如图 7-1 所示，准确描述问题。

1．明确任务类型

用户首先要清晰地指出需要完成的任务类型，是文本总结、问题解答、代码编写，还是创意写作等。例如，用户想让 DeepSeek 总结一篇文章的主要内容，指令可以是"请总结以下文章的主要内容"。

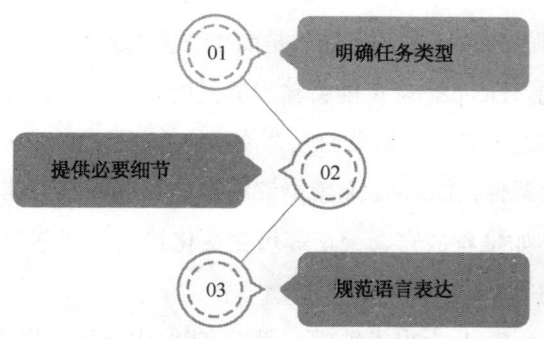

图 7-1　向 DeepSeek 准确描述问题的技巧

2．提供必要细节

提供足够的细节能够帮助 DeepSeek 更好地理解问题并做出回答。在描述任务时，用户要给出相关的背景信息或具体要求等。例如，用户想让 DeepSeek 生成一篇校园演讲，需要给出以下内容。

（1）背景信息：我正在准备一场关于环保主题的校园演讲，面向的是初一到初三的学生。

（2）具体要求：希望演讲稿长度在 800 字左右，语言要生动有趣，并且多引用一些与中学生生活相关的环保小例子，如校园里的垃圾分类、节约水电等，最后还要有一个能激发大家行动起来的呼吁部分。

3．规范语言表达

用户需要使用规范的语言来表达问题，让 DeepSeek 能够快速理解用户意图。例如，在让 DeepSeek 生成文案时，不要说"帮我弄个差不多的文案"，而要明确指出文案的主题、风格和用途："请撰写一篇 300 字左右、风格活泼的旅游宣传文案，宣传云南大理"。

总之，在提问基础问题时，用户需要从多方面准确描述问题，以便让 DeepSeek 生成符合期望的结果。

7.1.2　添加适当的约束条件

为了得到更加细化的回答，在提问问题时，用户可以加入具体的约束条件。

例如，在询问旅游攻略时，如果只是简单询问"去北京旅游有什么攻略"，面对这个宽泛的问题，DeepSeek 可能会输出涵盖吃、住、行、游等各方面的海量信息，过于笼统、缺乏重点。但如果加上"预算 5000 元，游玩 3 天，喜欢历史文化景点"这样的约束条件，DeepSeek 就能够精准地筛选和整合信息，为用户提供更贴合需求的攻略，如推荐故宫、天坛等历史文化景点，规划合理的行程路线，推荐符合预算的住宿等。

再如，利用 DeepSeek 为报告生成一段引言时，用户可以提出具体的限定要求，如"使用正式的语言风格""不要大篇幅地介绍背景信息"等，让 DeepSeek 提供更符合预期的内容，减轻后续修改的负担。

约束条件还能避免模型生成不恰当或无关的内容。在学术研究、专业报告等场景中，明确规定语言风格、字数范围、引用要求等约束，能够让 DeepSeek 生成更加规范、专业的内容。总之，在与 DeepSeek 交互时，用户要学会巧妙地运用约束条件，让其更好地为自己服务。

7.1.3 选择合适的 DeepSeek 模式

在与 DeepSeek 对话的过程中，选择合适的模式对于获得理想的回答至关重要。DeepSeek 的三大模式各有其独特优势和适用场景。

基础模式是 DeepSeek 的基础功能模块。当用户提出一些常见的知识类问题，如简单的数学运算、基本的历史事件时间、文学常识等，基础模式下的 DeepSeek 可以凭借其内置的丰富知识储备快速给出准确的答案。例如，当用户询问"李白是哪个朝代的诗人""元素周期表中氧元素的符号是什么"等常见知识问题时，可以选择基础模式，让 DeepSeek 快速给出答案。

联网搜索模式能够在用户需要获取最新信息或特定领域的前沿内容时发挥重要作用。当用户想要了解当下热门的科技趋势、最新的体育赛事比分、实时的金融市场动态等内容时，联网搜索模式能够通过连接网络，为用户搜集最新鲜、最准确的信息。例如，用户询问"近期发布的华为手机有哪些新特性"，联网搜索模式下的 DeepSeek 可以获取相关的最新报道来解答；用户询问"最近出台的电商行业政策对市场有何影响"，DeepSeek 会抓取各大权威资讯平台上的相关报道和分析，为用户呈现最新、最全面的信息。

深度思考模式适用于处理复杂的、需要深入分析和推理的问题。当用户面临一些哲学思考、战略规划、复杂的逻辑推理等问题时，可以借助深度思考模式下的 DeepSeek 对问题进行深度剖析，获得全面且深入的回答。例如，针对"如何制订企业未来五年的发展战略"这一复杂问题，DeepSeek 会综合多方面因素进行考量并给出建议。

总之，在与 DeepSeek 对话时，用户需要根据问题的类型和需求选择合适的模式，以获得最优回答。

7.1.4　实战：用 DeepSeek 设计一份理财计划

了解了用 DeepSeek 处理基础问题的基本方法，接下来通过设计一份理财计划来进行具体实践，步骤如图 7-2 所示。

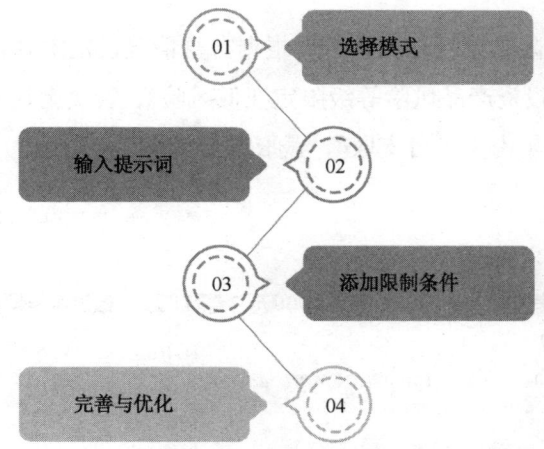

图 7-2　用 DeepSeek 设计理财计划的步骤

第一步，选择模式。如果用户只是想初步了解理财知识，获取宽泛的理财建议，选择基础模式即可。如果用户想针对个人复杂财务状况深入分析，如涉及多套房产、多种投资等，深度思考模式更加合适，它能基于复杂信息进行深度逻辑推导。

第二步，输入提示词。用户选定模式后，输入精准的提示词至关重要，如"为

30 岁、月收入 8000 元、有 10 万存款、想 5 年后买房的上班族设计理财计划"。这样明确的提示词，能让 Deepseek 更有针对性地给出方案，截取部分如图 7-3 所示。

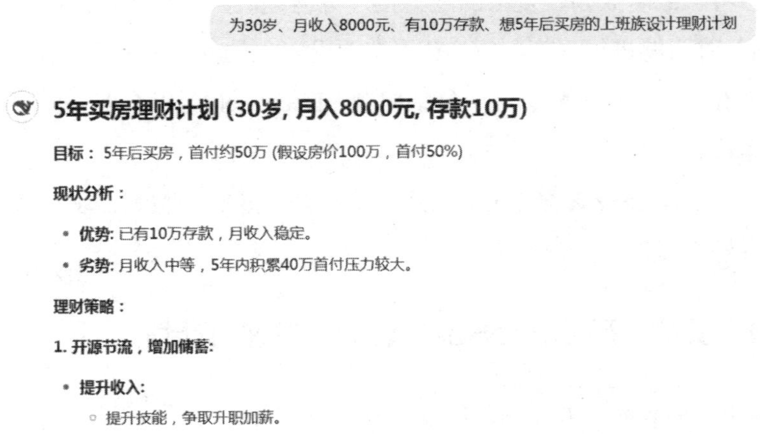

为30岁、月收入8000元、有10万存款、想5年后买房的上班族设计理财计划

5年买房理财计划 (30岁, 月入8000元, 存款10万)

目标：5年后买房，首付约50万 (假设房价100万，首付50%)

现状分析：

- **优势**: 已有10万存款，月收入稳定。
- **劣势**: 月收入中等，5年内积累40万首付压力较大。

理财策略：

1. 开源节流，增加储蓄：

- **提升收入**：
  ○ 提升技能，争取升职加薪。

图 7-3　DeepSeek 给出初步理财计划

第三步，添加限制条件。用户可以根据自身情况设定限制条件，如风险承受能力低，可添加"投资产品风险等级限定在低风险"；若资金流动性要求高，可注明"保证资金在半年内随时可支取"，截取部分如图 7-4 所示。

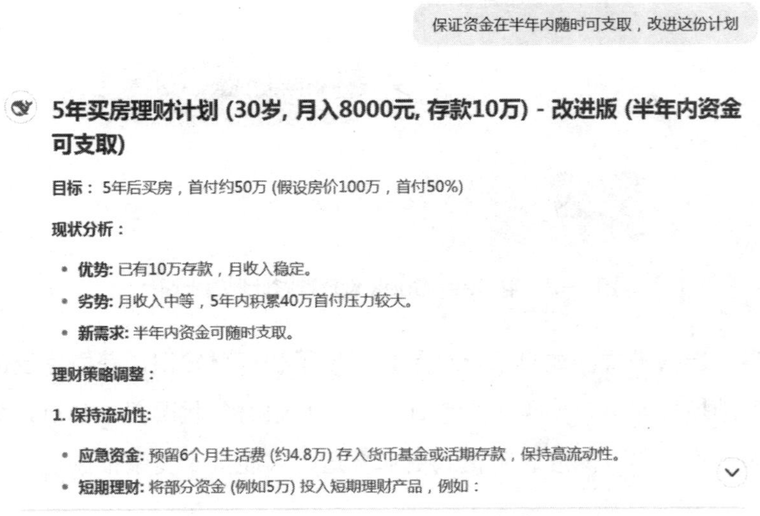

保证资金在半年内随时可支取，改进这份计划

5年买房理财计划 (30岁, 月入8000元, 存款10万) - 改进版 (半年内资金可支取)

目标：5年后买房，首付约50万 (假设房价100万，首付50%)

现状分析：

- **优势**: 已有10万存款，月收入稳定。
- **劣势**: 月收入中等，5年内积累40万首付压力较大。
- **新需求**: 半年内资金可随时支取。

理财策略调整：

1. 保持流动性：

- **应急资金**: 预留6个月生活费 (约4.8万) 存入货币基金或活期存款，保持高流动性。
- **短期理财**: 将部分资金 (例如5万) 投入短期理财产品，例如：

图 7-4　DeepSeek 根据限制条件优化理财计划

第四步，完善与优化。得到改进后的理财计划后，用户可以和 Deepseek 进一步交流，补充个人财务需求或偏好，如对黄金投资有兴趣，可询问能否加入黄金投资板块，让理财计划更贴合自身需求，截取部分如图 7-5 所示。

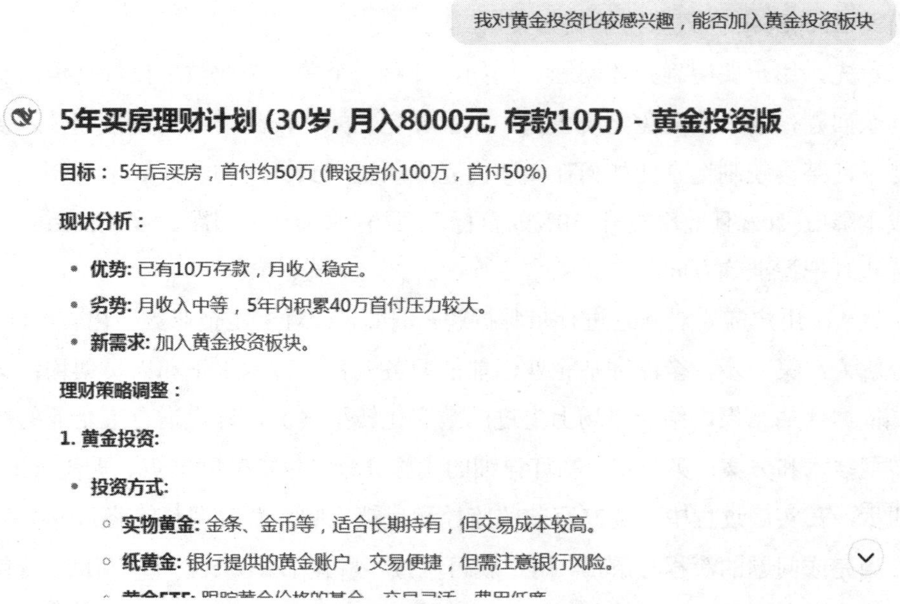

我对黄金投资比较感兴趣，能否加入黄金投资板块

5年买房理财计划 (30岁，月入8000元，存款10万) - 黄金投资版

目标：5年后买房，首付约50万 (假设房价100万，首付50%)

现状分析：

- **优势**: 已有10万存款，月收入稳定。
- **劣势**: 月收入中等，5年内积累40万首付压力较大。
- **新需求**: 加入黄金投资板块。

理财策略调整：

1. 黄金投资:

- **投资方式**:
  - **实物黄金**: 金条、金币等，适合长期持有，但交易成本较高。
  - **纸黄金**: 银行提供的黄金账户，交易便捷，但需注意银行风险。
  - **黄金ETF**: 跟踪黄金价格的基金，交易灵活，费用低廉。

图 7-5　DeepSeek 进一步更新理财计划

通过以上步骤，用户可以利用 DeepSeek 制订出一份较为完善、符合个人实际情况的理财计划。

7.2　复杂问题处理：分解是关键

用 DeepSeek 解决复杂问题的关键往往不在问题本身，而在于如何将复杂的诉求拆解为 AI 可精准响应的单元。用户可以按照问题的类型，按照流程、逻辑层次和模块内容，将想要让 DeepSeek 解决的问题进行分解，降低模型理解和处理的难度，将复杂需求转化为逻辑清晰的子任务链，提高 DeepSeek 给出满意结果的概率。

7.2.1 按照流程分解问题

对于一些有明确步骤或者发展过程的复杂问题,用户可以按照流程将其分解,再借助 DeepSeek 高效获得解决方案。

首先,用户要明确具体问题。例如,针对一个关于企业数字化转型策略制定的复杂问题,用户要避免笼统表述,精准界定,如"在当前市场竞争和技术发展趋势下,某传统制造企业如何在一年内完成从生产到管理的全面数字化转型,实现成本降低 20%且效率提升 30%的目标"。只有明确具体问题,才能在后续分析和解决时把握准确方向。

接着,用户需要对问题进行步骤拆解。例如,针对上述企业数字化转型问题,可分解为:第一步,全面评估企业当前的业务流程、技术水平和人员架构;第二步,依据评估结果,结合市场上先进的数字化转型案例,确定适合本企业的数字化转型技术和方案;第三步,制订详细的实施计划,包括时间节点、责任分工等;第四步,在实施过程中,建立有效的监控和反馈机制,及时调整策略。

当完成问题的流程分解后,用户就可以按步骤向 DeepSeek 寻求帮助。这包括在评估阶段,向 DeepSeek 询问评估企业业务流程的有效方法和工具;在确定转型方案时,提供企业具体情况,让 DeepSeek 给出可行的技术选型和方案建议;制订实施计划时,参考 DeepSeek 关于项目管理和时间规划的建议;在监控反馈阶段,借助 DeepSeek 分析反馈数据,预测潜在风险。

7.2.2 按照逻辑层次分解问题

清晰的逻辑梳理能够将复杂问题逐步拆解,将大问题细化为一个个明确且可解决的小问题,让 DeepSeek 更高效地提供解决思路和方法。

以电商平台销售额提升的解决方案为例,这个问题较为复杂,但可以拆解成逻辑递进的三个层次:用户获取、用户留存和用户转化。用户可以针对这三个层次,或每个层次中进一步细分的问题,分别向 DeepSeek 寻求解决方案,高效获取解决整个复杂问题的满意方案。

在用户获取层面，可细分渠道拓展、推广策略等子问题。用户可以向 DeepSeek 询问如何精准定位目标用户群体；最合适的推广渠道是社交媒体、搜索引擎，还是内容平台；如何制作有吸引力的推广内容，如制作怎样的短视频、撰写何种风格的文案，以吸引潜在用户关注。

用户留存层面涵盖产品体验优化、用户服务提升等方面的问题。用户可以利用 DeepSeek 分析用户在平台上的行为数据，了解用户在购物流程中遇到的痛点，如页面加载速度慢、商品搜索不便等，进而针对性地优化产品界面和功能。同时，用户可以询问 DeepSeek 如何建立完善的用户服务体系，快速响应并解决用户的问题和投诉，提升用户满意度和忠诚度。

用户转化层面涉及促销活动策划、商品推荐精准度等问题。用户可以向 DeepSeek 咨询如何制定有效的促销策略，如怎样组合运用满减、折扣、赠品等活动，激发用户购买欲望。还可以研究如何利用机器学习算法，根据用户的浏览历史和购买偏好，实现更精准的商品推荐，提高转化率。

值得一提的是，对于按照逻辑层次分解复杂问题，如果用户感到困难，也可以寻求 DeepSeek 的帮助。用户可以先向 DeepSeek 模型提问，理解复杂问题的逻辑层次，然后进一步针对每个逻辑环节要求 DeepSeek 提供解决方案，从而简单高效地解决逻辑复杂的问题。

7.2.3　按照模块内容分解问题

把复杂的问题划分为多个模块分别分析，是处理复杂问题时常用的办法。使用 DeepSeek 解决复杂问题也可以使用这种方法。

以一个手机软件开发项目为例，用户可以将整个项目划分为功能开发、用户界面设计、性能优化及测试维护等多个任务模块。

功能开发模块包含手机软件的通信、拍照、办公等各种功能。用户可以向 DeepSeek 询问实现不同功能需要的技术与算法，如怎样优化拍照算法以提升照片质量、如何开发高效的通信功能模块以确保信号稳定。

用户界面设计模块关乎用户体验。针对这一模块，用户可借助 DeepSeek 了解当下流行的设计风格与交互方式，例如，怎样设计操作界面才能让用户轻松上手、采用何种色彩搭配有助于提升视觉舒适度。

性能优化模块主要解决手机软件运行速度与稳定性问题。用户可以向 DeepSeek 咨询如何优化代码结构，减少内存占用，提升软件运行流畅度；怎样通过技术手段，避免软件在运行过程中出现闪退、卡顿等情况。

测试维护模块主要包括功能测试、压力测试等。利用 DeepSeek，用户可以获取先进的测试工具与方法，如怎样使用自动化测试工具，快速检测软件漏洞；在软件上线后，怎样建立有效的反馈机制，及时修复出现的问题。

通过按模块内容分解复杂问题，用户可以将庞大的任务细化为一个个具体的模块，然后针对每个模块向 DeepSeek 提问以获取专业建议，进而让整个问题解决过程更加科学、高效。

7.3 专业问题处理：保证专业度

DeepSeek 具备解决金融、医疗、法律等专业领域问题的能力，能够帮助用户解决专业问题。在借助 DeepSeek 解决专业问题时，用户需要做好前期准备、进行专业化提问，并进行后期评估与验证。

7.3.1 前期准备：明确目标+收集资料

在借助 DeepSeek 解决医疗、法律等方面的专业问题时，用户需要做好提问前的两大准备。

首先，明确目标是高效提问的前提，要确保问题清晰且具有针对性。用户需要思考自己需要解决的具体问题是什么。例如，在医疗领域，用户是想询问诊断、治疗方案还是药物副作用？在法律领域，用户是想询问合同纠纷、劳动法问题还是知识产权保护？同时，用户需要设定预期结果，明确自己想要通过 DeepSeek 获得什么，如具体的操作建议、某种疾病的诊断标准等。

其次，用户需要提前做好资料收集工作，以便在与 DeepSeek 对话过程中提供足够的背景信息，帮助 DeepSeek 更好地理解问题并提供精准答案。在医疗领域，

背景信息通常包括患者的基本信息、患者症状描述、已进行的检查或治疗等。在法律领域，背景信息通常包括案件的基本情况、相关合同或法律文件、已采取的法律行动或收到的法律意见等。

　　通过充分的准备，用户能够在提问时给出更丰富的信息，帮助 DeepSeek 更好地理解问题。例如，在询问医疗问题时，用户可以适当补充背景信息，如"患者为 50 岁男性，有 10 年高血压病史，最近出现头晕，血压控制不佳，可能的原因是什么？"而 DeepSeek 能够根据这一提问给出完善的回答，如图 7-6 所示。

患者情况概述

- **年龄**：50岁男性
- **病史**：10年高血压病史
- **症状**：近期出现头晕，血压控制不佳

可能的原因分析

1. 高血压控制不佳

- **原因**：患者长期高血压，可能存在药物依从性差、药物剂量不足或药物选择不当。
- **症状**：头晕、头痛、视力模糊等。
- **建议**：
  - 检查当前用药方案，评估是否需要调整药物种类或剂量。
  - 监测血压变化，确保血压控制在目标范围内（通常<140/90 mmHg）。

2. 继发性高血压

- **原因**：可能存在其他疾病导致的高血压，如肾动脉狭窄、原发性醛固酮增多症等。
- **症状**：头晕、乏力、夜尿增多等。
- **建议**：
  - 进行相关检查，如肾功能、电解质、肾上腺CT等，排除继发性高血压。

图 7-6　DeepSeek 给出的医疗领域回答

　　通过以上两方面的准备，用户可以借助 DeepSeek 更高效地解决医疗、法律等专业问题，获得实用的答案。

7.3.2　提问专业度：明确身份+专业术语

　　在向 DeepSeek 提问专业问题时，用户需要明确自己的身份，并使用专业术语，引导 DeepSeek 生成专业、准确的回答。

一方面，明确身份有助于 DeepSeek 根据用户的角色和需求提供更精准的回答。用户需要表明自己是专业人士还是普通用户，以便 DeepSeek 调整回答的深度和角度。如果用户是医生，可以询问"从临床角度，如何评估患者的心衰严重程度？"如果用户是患者，可以询问"患者有心衰病史，日常生活中需要注意哪些事项？"

同时，用户需要根据身份说明自己需要的信息深度。例如，在医疗领域，医生可能需要详细的病理机制或治疗方案，而患者可能更关注日常护理或症状缓解方法。

另一方面，在提问时，用户需要使用专业术语，确保问题表述准确，避免因语言模糊导致误解。例如，用户可以用"心肌梗死"替代"心脏病发作"，用"知识产权"替代"创意保护"等。

同时，用户要避免口语化表达，使用专业语言。例如，不要用"我最近总是头晕，是不是得了什么病？"而可以换成"患者近期出现持续性头晕，伴随轻微头痛，可能的原因有哪些？"再如，不要用"老板拖欠工资，员工该怎么办？"而可以换成"用人单位未按时支付劳动报酬，劳动者有哪些法律救济途径？"

此外，如果用户使用了一些非常专业的术语，可以简要说明其含义，确保DeepSeek 理解准确。例如，"患者有'房颤'（心房颤动）病史，近期心率控制不佳，可能的原因是什么？""在'不可抗力'（如自然灾害）导致合同无法履行的情况下，双方的责任如何界定？"

通过关注以上两个方面，用户可以提升提问的专业度，获得更精准的回答。

7.3.3 提问后处理：评估与验证

在询问专业问题并得到 DeepSeek 给出的回答后，用户还需要对回答进行评估与验证，以保证信息的准确性。

在获得 DeepSeek 的回答后，用户首先需要评估其合理性和可靠性。

（1）检查逻辑一致性：即回答是否逻辑清晰、前后一致。例如，DeepSeek 给出了某种治疗方案，用户需要思考其是否与自己描述的病情相符。

（2）评估专业性：即回答是否使用了专业术语、是否符合领域内的通用标准。

例如，针对法律领域的回答，用户需要思考回答是否引用了正确的法律条文或判例。

（3）判断实用性：即回答是否提供了可操作的建议或解决方案。例如，针对法律问题的回答，用户需要思考回答是否提供了具体的法律行动建议或风险提示。

其次，用户需要多方验证信息的准确性。

（1）交叉验证：通过多个可靠来源验证回答的内容。例如，针对医疗领域的回答，用户可以查阅最新的临床指南或医学文献，确认治疗方案的科学性。

（2）咨询专业人士：用户可以将 DeepSeek 的回答与专业人士的意见进行对比。例如，用户可以将 DeepSeek 给出的法律建议提交给专业的执业律师进行审查，以确认其适用性。

通过多方面的评估与验证，用户可以最大限度地确保 DeepSeek 提供信息的准确性，从而更好地解决专业问题。

7.3.4　实战：以律师身份分析合同法律风险

在法律行业，分析合同法律风险是律师的重要工作。传统的分析方式费时费力，还可能因为疏忽引发法律风险，DeepSeek 为合同法律分析带来新的解决方案。在实际操作中，律师可以通过以下步骤借助 DeepSeek 分析合同法律风险。

在前期准备方面，律师需要明确合同类型、关键条款，并确定需要分析的具体问题，如合同条款的合法性、可执行性及潜在风险等。同时，律师需要准备好相关合同资料，包括合同的背景信息、合同文本及附件等。

做好前期准备后，律师就可以借助 DeepSeek 分析合同法律风险，步骤如下：

第一，上传合同文本并提出问题。律师需要上传相关合同文本并提出要求，如"分析以上房屋租赁合同存在哪些法律风险"，DeepSeek 会对合同文件进行分析并给出完善的结果，如图 7-7 所示。

第二，针对合同提出具体问题。律师可以针对合同条款提出具体问题，确保回答具有针对性。例如，"如果甲方违约，乙方可怎样保障自身权益？"DeepSeek 可以根据细分的提问给出具体的分析结果，如图 7-8 所示。

房屋租赁合同法律风险分析

以下是对该房屋租赁合同可能存在的法律风险的详细分析：

1. 合同主体信息不完整

- **风险点**：合同中仅要求填写姓名、身份证号码和联系电话，但未明确要求提供身份证复印件或其他身份证明文件。
- **潜在问题**：若一方身份信息不实，可能导致合同无效或难以追责。
- **建议**：
  - 要求双方提供身份证复印件或其他有效身份证明文件，并附在合同后。
  - 核实双方身份信息的真实性。

2. 租赁用途限制

- **风险点**：合同规定乙方仅可将房屋用于居住，未经甲方书面同意不得改变用途。
- **潜在问题**：若乙方擅自改变用途（如用于商业活动），可能导致合同解除或产生纠纷。

图 7-7　DeepSeek 给出的合同法律风险分析

根据提供的房屋租赁合同内容，如果甲方违约，乙方可以通过以下方式保障自身权益：

1. **要求违约金**：根据合同第八条，如果甲方未按约定时间交付房屋或交付的房屋不符合约定条件，甲方应按照租金的20%向乙方支付违约金。如果甲方逾期超过10日，乙方有权解除合同，并要求甲方退还已支付的租金及押金，同时甲方应按照租金的20%向乙方支付违约金。
2. **解除合同**：如果甲方违约行为严重（如逾期交付房屋超过10日），乙方有权单方面解除合同。解除合同后，乙方可以要求甲方退还已支付的租金及押金。
3. **要求赔偿损失**：如果甲方的违约行为给乙方造成了其他损失（如因房屋未按时交付导致乙方需要临时租房等），乙方可以要求甲方赔偿这些实际损失。
4. **提起诉讼**：如果双方无法通过协商解决争议，乙方可以根据合同第九条，向房屋所在地有管辖权的人民法院提起诉讼，要求甲方履行合同义务或赔偿损失。

图 7-8　DeepSeek 给出的具体分析结果

　　第三，对 DeepSeek 给出的分析结果进行评估与验证。律师需要整体评估分析结果是否逻辑清晰、前后一致；通过现行法律法规验证分析结果是否准确等。此外，律师也可以与同事展开讨论，确认分析结果的可靠性。

　　通过以上步骤，律师可以借助 DeepSeek 高效完成对合同法律风险的分析，确保合同的合法性和可执行性。

第8章
输出优化：持续提高结果质量

针对 DeepSeek 生成的内容，用户还需要做好输出优化，引导其生成更优质的回答。在这方面，用户可以进一步追问与澄清，通过多种技巧引导 DeepSeek 修正回答，也可以引导 DeepSeek 进行内容的深入挖掘与延伸。

8.1 多轮对话：追问与澄清

在与 DeepSeek 进行多轮对话时，如果其生成的内容与自己理想的内容有差距，用户需要进行进一步的追问与澄清，便于 DeepSeek 更好地理解自己的需求，并生成更准确的内容。

8.1.1 追问难懂的内容

针对用户的提问，DeepSeek 可能会生成一些难懂的复杂内容。对此，用户可以通过多种方式进行追问，指导 DeepSeek 优化内容，如图 8-1 所示。

1. 明确问题

如果 DeepSeek 生成的内容涉及专业术语或复杂概念，用户可以追问相关背景信息，如"能否详细解释一下这个概念？"或者"这个术语的具体含义是什么？"用户也可以将复杂问题拆分为多个简单问题，逐步深入，如"这个流程的第一步是什么？接下来会发生什么？"

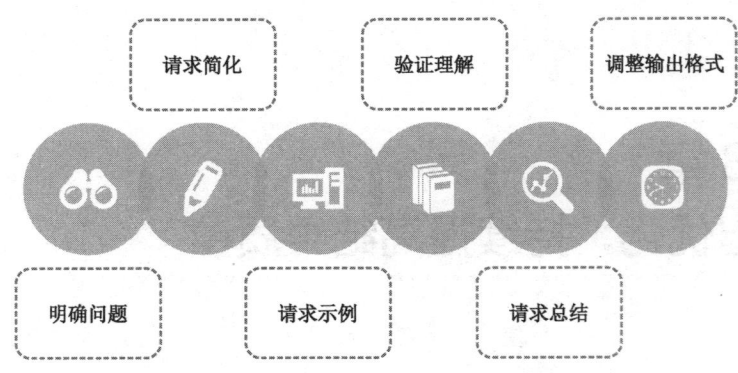

图 8-1　追问难懂内容的方法

2．请求简化

如果内容过于晦涩，用户可以请求 DeepSeek 使用更简单的语言表达，如"能否用更通俗的语言解释一下？"或者"能否举一个例子来说明？"同时，用户也可以请求 DeepSeek 使用类比或比喻来帮助理解，如"这个原理是否可以用日常生活中的例子来解释？"

3．请求示例

用户可以请求 DeepSeek 提供具体的案例或应用场景，如"能否提供一个实际应用的例子？"或者"这个理论在现实中有哪些应用？"如果涉及操作步骤，用户也可以让 DeepSeek 分步说明，如"能否详细说明每一步的操作？"

4．验证理解

在理解内容后，用户可以复述内容并请求确认，如"我理解的是……，是否正确？"如果用户对某些内容仍然不清楚，可以追问细节，如"关于这一点，能否再详细说明一下？"

5．请求总结

用户可以请求 DeepSeek 对复杂内容进行总结，如"能否总结一下主要观点？"或者"能否列出关键步骤？"同时，用户可以让 DeepSeek 强调最重要的部分，如"这部分内容中，最重要的几点是什么？"

6.调整输出格式

对于复杂、内容较多的输出，用户可以要求 DeepSeek 以列表、表格或流程图等形式呈现信息，如"能否以列表形式列出主要步骤？"或者"能否用表格对比这两个概念？"

用户通过以上多种方式进行追问，能够有效地优化 DeepSeek 生成的内容，确保其易于理解和应用。

8.1.2　澄清有歧义的回答

在使用 DeepSeek 生成内容时，输出内容可能会因为语言表达、上下文缺失或术语使用不当而产生歧义。对于有歧义的内容，用户可以通过以下方式进行澄清。

（1）指出歧义点。当发现回答中存在模糊或不明确的地方时，用户可以直接指出，如"上文提到的模型是哪一种模型？""上文的'某些情况'具体指哪些情况？"

（2）追问上下文。如果回答缺乏上下文，用户可以让 DeepSeek 进行补充，如"能否提供更多背景信息以便更好地理解？"或者"这个结论是基于什么前提得出的？"

（3）请求具体化。如果回答涉及模糊的描述，如"很多""很快"等，用户可以询问"'很多'具体是多少？""'很快'具体是多快？"让 DeepSeek 对模糊的描述进行量化。

（4）区分不同情况。如果回答可能适用于多种情况，用户可以询问"这个结论是否适用于所有情况，还是仅适用于特定条件？"以此进行区分，避免歧义。

（5）验证逻辑一致性。如果回答中存在逻辑矛盾或不一致，用户可以要求 DeepSeek 进行进一步澄清，如"之前提到 A，但现在又说 B，这两者是否矛盾？"

通过以上方式，用户可以有效澄清 DeepSeek 生成内容中的歧义，确保输出内容准确、清晰且易于理解。

8.1.3　要求 DeepSeek 补充信息

如果用户认为 DeepSeek 输出的内容存在缺失，可以要求 DeepSeek 补充相关信息。在这个过程中，用户可以根据具体情况，给出具体的要求。

首先，用户可以直接告诉 DeepSeek 需要补充的具体内容是什么。例如，"请补充更多关于 XX 的背景信息""这段内容缺乏数据支持，能否添加相关数据？"同时，用户可以向 DeepSeek 说明补充信息的目标，如"希望内容案例更加丰富""我需要更多专业细节"等。

其次，用户可以提供一些上下文信息，便于 DeepSeek 有针对性地补充信息。例如，在对已有内容进行优化时，用户可以将内容提供给 DeepSeek，以便 DeepSeek 进行针对性调整。如果是新的主题，用户可以提供相关背景信息或关键词，帮助 DeepSeek 更好地理解需求。

再次，如果用户需要验证信息的可靠性，可以要求 DeepSeek 补充参考资料或数据来源。例如，"能否提供一些参考资料或文献支持这个观点？""请补充一些权威机构的观点或研究结果。"

最后，如果用户需要了解最新进展，可以要求 DeepSeek 补充最新信息或动态。例如，"能否补充一些关于这个问题的最新研究进展？""请补充一些行业最新动态。"

此外，如果 DeepSeek 的输出仍未完全满足用户的需求，用户可以进一步反馈，如"请再补充一些细节""这部分内容可以更深入一些"等。

通过以上方式，用户可以更高效地引导 DeepSeek 输出自己想要的、完善的内容。

8.1.4　案例：多轮对话获得高质量财经论文

有需求的用户可以通过与 DeepSeek 多轮对话，获得高质量的财经论文。这是一个逐步明确需求、细化方向并优化内容的过程。以撰写一篇有关"数字经济对传统制造业的影响"的财经论文为例，用户需要做好以下几个方面。

第一，明确主题方向。用户向 DeepSeek 提问"我想写一篇关于'数字经济对传统制造业的影响'的财经论文，请帮我梳理一下大致框架。"然后获得 DeepSeek 初步生成的结果，截取部分如图 8-2 所示。

> **论文标题：**
>
> **《数字经济对传统制造业的影响：重构价值链与转型路径》**
> ___
>
> **一、摘要**
>
> * 简述数字经济对传统制造业的颠覆性影响，提出研究核心问题：如何借力数字技术推动制造业升级。
> * 关键词：数字经济、传统制造业、数字化转型、价值链重构、工业互联网。
> ___

图 8-2 DeepSeek 初步生成的结果

第二，让内容更聚焦。对于这一结果，用户可以进一步给出反馈，帮助 DeepSeek 优化内容。例如，用户想让财经论文聚焦中小企业的数字化转型，则可以让 DeepSeek 调整方向，截取部分如图 8-3 所示。

> 以下是进一步优化后聚焦**中小企业数字化转型**的深度论文框架，强化问题导向与策略可操作性：
> ___
>
> **论文标题**
>
> **《资源约束下的敏捷突围：中小企业数字化转型的"低成本-高赋能"路径研究》**
> ___
>
> **一、摘要**
>
> 基于对珠三角、长三角287家中小制造企业的实地调研，揭示数字化转型中的"能力—资源—绩效"悖论，提出**轻量化工具适配、组织韧性培育、生态化协同**三位一体解决方案，为中小企业突破"不敢转、不会转、转不起"困境提供理论框架。

图 8-3 DeepSeek 根据用户要求调整论文方向

第三，优化论文细节。在对大体内容满意的基础上，用户可以要求 DeepSeek 进一步优化细节，如"能否在论文中补充一些实际数据？"从而获得进一步优化的论文，截取部分如图 8-4 所示。

通过以上多轮对话，用户可以逐步引导 DeepSeek 完善的财经论文，获得数据、案例等多方面的支持，最终形成一篇高质量的财经论文。

1. 引言

随着大数据、人工智能、物联网等技术的快速发展，数字经济正深刻重塑全球产业格局。传统制造业中的中小企业，由于资源有限、技术基础薄弱，在数字化转型中面临独特机遇与挑战。据国际数据公司（IDC）统计，2022年全球数字经济规模达45万亿美元，其中制造业数字化投入占比超过30%。中国作为全球制造业大国，中小企业的数字化转型不仅关乎企业生存，更是实现"制造强国"战略的重要抓手。本文结合实证数据与案例分析，探讨数字经济对中小企业的影响路径及应对策略。

图 8-4　DeepSeek 在财经论文中加入相关数据

8.2　如何修正结果

如果 DeepSeek 输出的内容与用户的期望存在很大差距，用户可以引导 DeepSeek 对输出内容进行修正。用户既可以指出内容的不足之处，给出明确的内容调整方向，也可以要求 DeepSeek 重新生成内容。

8.2.1　指出内容的不足之处

有些时候，DeepSeek 输出的内容不能让用户满意，用户就可以指出内容的不足之处，引导 DeepSeek 进行进一步的修正。

当 DeepSeek 生成的内容深度不足、缺乏深入分析或专业见解时，用户可以指出内容浅显的不足，并要求 DeepSeek 给出更深入的分析。例如，"内容显得浅薄，能否补充更多学术研究或专家观点？"

当内容缺乏数据支持、说服力不足时，用户可以要求 DeepSeek 补充相关数据，如"内容缺乏数据支撑，请添加相关统计数据或研究报告"。同时，用户可以指定数据来源或要求，如"请补充 2024 年以来的官方最新数据"。

当内容逻辑结构不够清晰时，用户可以提出问题，并指导 DeepSeek 修正。例如，"以上内容逻辑混乱，段落之间缺乏连贯性，请将内容按时间顺序/重要性顺序重新排列"。同时，用户也可以提出具体的内容框架，如"请按'问题—原因—解决方案'的逻辑重新组织内容"。

当内容缺乏针对性时，用户可以提供更具体的背景信息或需求。例如，"内容

过于宽泛，我需要的是关于'数字经济对就业影响'的分析，请聚焦于此。"或者"内容缺乏对目标受众的关注，请聚焦宝妈群体优化文案。"

当内容缺乏创新性或独特性时，用户可以指出"以上内容缺乏新颖的观点或独特的视角"，并给出改进建议"能否提出一些新的研究思路或解决方案？"

通过指出不足之处并提供具体改进建议，用户可以更高效地引导 DeepSeek 优化输出内容，从而获得更高质量的内容。

8.2.2　给 DeepSeek 一些调整方向

很多用户对内容的要求较为细致和严苛，DeepSeek 可能难以一次性输出让用户满意的结果。这时用户可以在初步输出内容的基础上多次给出调整方向，逐步修正输出结果。

以输出一篇有针对性的化妆品营销文案为例，用户可以明确化妆品的目标人群为女士，并强调旗下化妆品的抗初老特性，DeepSeek 会据此生成初步的营销文案，如图 8-5 所示。

> ✿【定格年轻，绽放自信之美】✿
>
> ——专属女性的抗初老护肤盛宴
>
> 亲爱的美丽女神，
> 你是否发现，肌肤的弹性悄悄流失？是否渴望找回年轻时的紧致与光泽？别担心，我们为你带来了**抗初老护肤系列**，专为女性设计，帮你抵御时光，焕发青春光彩！

图 8-5　DeepSeek 生成的初步营销文案

这篇文案突出了产品的目标受众和特点，但缺乏情绪和感召力，难以调动目标受众的情绪。因此，用户可以结合需求和投放渠道提出进一步的修正建议，如"增强文案感召力，转化为小红书文案"，即可得到新的文案，如图 8-6 所示。

> ✿【定格年轻，绽放自信之美】✿
>
> ——抗初老护肤，让你重回18岁！
>
> 姐妹们！有没有发现，肌肤的弹性悄悄流失？细纹、暗沉、松弛……这些问题是不是让你焦虑到睡不着？😣
> 别慌！今天给你们安利一套**抗初老护肤神器**，专为女性设计，帮你轻松抵御时光，重回年轻状态！😘✨

图 8-6　修正后的小红书营销文案

除了调整文案风格与格式，用户还可以增加其他内容，如将一系列优惠活动融合到营销文案中，如图 8-7 所示。

🎀 **专属优惠，宠爱自己** 🎀

🎁 **限时折扣**：抗初老系列低至7折！

💞 **买赠活动**：买任意两款，送价值199元的护肤小样套装！

🎈 **会员福利**：注册会员首单立减50元，还有生日专属礼遇！

📦 **贴心服务**：满299元包邮，7天无理由退换！

图 8-7　专属优惠补充

总之，无论是调整语言风格，还是补充相关内容，DeepSeek 都能轻松实现。用户可以根据自己的需求给出具体的调整方向，引导 DeepSeek 生成令人满意的结果。

8.2.3　必要时，让 DeepSeek 重新生成

如果用户认为 DeepSeek 输出的内容与理想结果相差较大，也可以要求 DeepSeek 重新生成内容。用户可以通过以下方法，引导 DeepSeek 重新生成更符合自己预期的内容。

（1）明确表达需求。如果结果不符合预期，用户可以明确要求 DeepSeek 重新生成。例如，"这个回答不太符合我的需求，请重新生成。""能否换一种方式重新解释一下？""这个结果不够准确，请重新生成一个更详细的版本。"

（2）提供具体反馈。用户可以指出问题所在，并说明希望改进的方向。例如，"以上内容逻辑不够清晰，请重新组织语言"或者"语气太正式了，能否生成一个更轻松随意的回答？"

（3）补充背景信息。用户可以补充更多背景信息，帮助 DeepSeek 重新生成更贴合需求的内容。例如，"我的需求是……，请根据这个重新生成""这个回答不适合我的使用场景，我的场景是……，请重新生成"。

（4）指定格式或风格。用户可以要求重新生成时采用特定的格式或风格。例如，"请重新生成一个列表形式的回答""请生成一个适合小红书风格的文案"。

通过重新生成，用户可以让 DeepSeek 在更具体的要求下生成更符合自己需要

的内容。

8.3　升级——让结果有更高质量

在生成内容大致符合自身要求的基础上，一些用户对内容提出了更高的要求，希望内容足够深入、有理有据。对此，用户可以通过一些技巧引导 DeepSeek 优化内容，提高内容质量。

8.3.1　从不同角度再次提问

用户从不同角度再次提问，可以引导 DeepSeek 提供更全面、深入的内容，从而提高输出质量。具体而言，用户可以从以下角度出发，引导 DeepSeek 优化输出。

（1）从理论角度提问，增加内容的学术深度和理论支持。例如，"从经济学理论的角度，如何解释数字经济对传统制造业的影响？""从博弈论的角度探讨数字经济中的市场竞争行为"。

（2）从实践角度提问，补充实际案例或操作建议，增强实用性。例如，"在实施数字化转型时，中小企业通常会遇到哪些具体问题？如何解决？""请列举一些适合中小企业的低成本数字化工具"。

（3）从对比角度提问，通过对比分析，提供更全面的视角。例如，"数字经济对大型企业和中小企业的影响有何不同？""传统制造业与新兴行业在数字化转型中面临的挑战有何差异？"

（4）从时间维度提问，从历史、现状和未来趋势的角度分析问题。例如，"数字经济在过去十年中对传统制造业的影响有哪些变化？""未来五年，中小企业数字化转型的主要趋势是什么？"

（5）从技术角度提问，深入探讨技术细节，增强内容的专业性。例如，"AI在中小企业数字化转型中有哪些具体应用？""物联网技术如何帮助中小企业优化供应链管理？"

（6）从未来趋势角度提问，探讨未来发展方向或新兴趋势。例如，"未来十年，数字经济将如何进一步改变传统制造业？""中小企业在数字化转型中应如何应对新兴技术的挑战？"

用户可以在提问中直接融入多个角度，给出完善的指令。例如，在分析数字经济对中小企业的影响时，用户可以提出"请从理论、实践和数据三个角度，分析数字经济对中小企业的影响"。DeepSeek 会据此给出更全面、深入的内容，截取部分如图 8-8 所示。

数字经济以信息技术为核心，通过数字化、网络化和智能化的方式重塑经济形态。中小企业作为经济的重要组成部分，在数字经济浪潮中既面临机遇，也遭遇挑战。以下从理论、实践和数据三个角度，分析数字经济对中小企业的影响。

一、理论角度：数字经济对中小企业的赋能与挑战

1. 赋能效应
   - **降低交易成本**：数字经济通过互联网平台和数字化工具，减少了信息不对称，降低了中小企业的市场进入成本和交易成本。
   - **拓展市场边界**：数字化打破了地理限制，中小企业可以通过电商平台和社交媒体触达全球市场。
   - **提升生产效率**：大数据、人工智能等技术的应用，优化了生产流程，提高了资源利用效率。
2. 挑战与风险
   - **数字鸿沟**：部分中小企业缺乏数字化能力，难以享受数字经济红利，导致与大型企业的差距进一步拉大。
   - **数据安全与隐私问题**：数字化过程中，中小企业可能面临数据泄露和网络攻击的风险。
   - **竞争加剧**：数字经济的低门槛特性使得市场竞争更加激烈，中小企业需要不断创新以保持竞争力。

二、实践角度：中小企业在数字经济中的转型与创新

图 8-8 DeepSeek 给出的分析（部分截图）

通过从不同角度提问，用户可以引导 DeepSeek 提供更全面、深入的内容，从而显著提高输出质量。

8.3.2 引导 DeepSeek 深度挖掘问题

在与 DeepSeek 沟通的过程中，用户可以引导 DeepSeek 深度挖掘问题，进而生成高质量内容。下面结合具体案例，详细讲解如何通过针对性提问，引导 DeepSeek 深入分析问题。

首先，用户要明确与 DeepSeek 沟通的核心问题，例如，"AI 在医疗领域的应用与挑战"，并得到相应的内容，截取部分如图 8-9 所示。

一、AI在医疗领域的应用

1. **疾病诊断与影像分析**

　○ **应用场景**：AI通过深度学习算法分析医学影像（如X光片、CT、MRI），辅助医生快速、准确地诊断疾病。

　○ **典型案例**：谷歌DeepMind开发的AI系统在乳腺癌筛查中表现优异，准确率超过人类医生。

　○ **优势**：提高诊断效率，减少误诊和漏诊。

2. **药物研发与临床试验**

　○ **应用场景**：AI通过大数据分析和模拟技术，加速药物筛选、化合物设计和临床试验设计。

　○ **典型案例**：AI公司Insilico Medicine利用AI技术将新药研发周期从数年缩短至数月。

　○ **优势**：降低研发成本，提高成功率。

图 8-9　DeepSeek 对主题的初步分析

接着，针对这些内容，用户可以给出进一步的反馈，如"这些应用比较泛泛，能否深入分析'药物研发与临床试验'这一应用的具体场景和实际案例？"DeepSeek 将针对用户新的要求生成更加细致的内容，截取部分如图 8-10 所示。

药物研发是一个耗时、耗资且高风险的过程，传统模式下，一款新药从发现到上市平均需要10-15年，耗资超过20亿美元。AI技术的引入正在显著改变这一现状，通过加速药物发现、优化临床试验设计和提高研发效率，AI为药物研发带来了革命性的突破。以下从具体场景和实际案例两个方面进行深入分析。

一、AI在药物研发与临床试验中的具体场景

1. **药物发现与化合物筛选**

　○ **场景描述**：AI通过分析海量的化学和生物数据，快速筛选出潜在的药物候选化合物。

　○ **技术应用**：

　　■ **深度学习**：预测化合物的生物活性和毒性。

　　■ **生成模型**：设计新型分子结构。

　　■ **虚拟筛选**：从数百万种化合物中筛选出最有潜力的候选药物。

　○ **优势**：缩短药物发现周期，降低研发成本。

图 8-10　DeepSeek 生成细化分析

有了这些内容后，用户还可以从其他角度引导 DeepSeek 进一步完善内容，例如，"以下分析很有帮助，但能否补充一些 AI 在药物研发与临床试验中应用的局限性？"然后得到新的内容，截取部分如图 8-11 所示。

AI在药物研发与临床试验中的应用与局限性

AI在药物研发与临床试验中的应用虽然展现了巨大的潜力，但其局限性也不容忽视。这些局限性涉及技术、数据、伦理和实际应用等多个方面。以下是对AI在药物研发与临床试验中应用的局限性的深入分析。

图 8-11　DeepSeek 补充的新内容

在此基础上，用户还可以进一步引导 DeepSeek 给出解决方案，如"针对以上局限性，进一步探讨如何克服这些局限性？"得出新的回答，截取部分如图 8-12 所示。

克服AI在药物研发与临床试验中局限性的策略

AI在药物研发与临床试验中的应用虽然面临技术、数据、伦理和实际应用等多方面的局限性，但通过多层次的改进和合作，这些挑战是可以逐步克服的。以下针对主要局限性，提出具体的解决策略。

一、技术局限性的克服策略

1. **提高算法可解释性**
   ○ **策略**：
     ■ 开发可解释的AI模型（如决策树、规则-based模型）。
     ■ 使用可视化工具展示AI的决策过程。
     ■ 结合专家知识，构建混合模型（如符号AI与神经网络的结合）。
   ○ **案例**：谷歌的Explainable AI（XAI）项目通过可视化技术提高模型透明度。

图 8-12　DeepSeek 针对局限性给出具体的解决策略

最后，针对 DeepSeek 给出的各方面内容，用户可以给出总结性的指令，如"请总结 AI 在药物研发与临床试验中的关键点，并展望未来趋势"，得到最终的高质量内容。

8.3.3　延伸——讨论相关话题

延伸讨论相关话题能够显著提升 DeepSeek 生成内容的质量，使内容更加全面、深入且具有实用性。用户可以从以下方面进行延伸。

（1）延伸讨论技术发展趋势：探讨与主题相关的技术发展趋势，提供前瞻性见解。例如，主题为"AI 在医疗领域的应用"，则延伸话题可以是"未来十年，AI 在医疗领域的主要发展趋势是什么？""AI 与互联网医疗的结合将如何改变医疗行业？"

（2）延伸讨论行业影响：分析技术应用对行业的深远影响，提供多维度思考。例如，主题为"区块链在金融领域的应用"，则延伸话题可以是"区块链技术如何改变传统银行的业务模式？""区块链在跨境支付中的应用及其对全球金融体系的影响"。

（3）延伸讨论政策与法规：探讨相关政策、法规或标准，提供合规性建议。例如，主题为"AI 在自动驾驶领域的应用"，则延伸话题可以是"各国对自动驾驶技术的监管政策有哪些差异？""自动驾驶技术的法律和伦理问题如何解决？"

（4）延伸讨论伦理与社会影响：探讨技术应用的伦理问题和社会影响，提供多维度思考。例如，主题为"AI 在招聘领域的应用"，则延伸话题可以是"AI 招聘系统可能存在的偏见问题及其解决方案""AI 在招聘中的应用对社会就业结构的影响"。

（5）延伸讨论跨领域应用：探讨技术在多个领域的应用，提供跨界视角。例如，主题为"区块链技术在供应链管理中的应用"，则延伸话题可以是"区块链技术如何应用于医疗数据共享？""区块链在能源行业的潜在应用及其挑战"。

（6）延伸讨论用户案例与反馈：通过实际用户案例和反馈，增强内容的实用性和可信度。例如，主题为"AI 在教育领域的应用"，则延伸话题可以是"某学校引入 AI 教学系统后的实际效果如何？""学生对 AI 个性化学习工具的反馈是什么？"

（7）延伸讨论技术挑战与解决方案：深入探讨技术挑战及其解决方案，提供更全面的分析。例如，主题为"AI 在自动驾驶领域的应用"，则延伸话题可以是"自动驾驶技术面临的主要技术挑战有哪些？""如何通过多传感器融合技术提升自动驾驶的安全性？"

（8）延伸讨论经济与商业影响：分析技术应用的经济效益和商业价值，提供实用性建议。例如，主题为"AI 在零售领域的应用"，则延伸话题可以是"AI 如何帮助零售商提升销售额和客户满意度？""AI 在零售领域的应用对传统零售模式的冲击是什么？"

用户可以根据自己的关注点，有针对性地延伸多方面的话题，引导 DeepSeek 提供多维度的内容，从而提升输出质量。

第9章
进阶操作：做 DeepSeek 高级用户

在代码开发的专业语境中，DeepSeek 作为极具潜力的辅助工具，为用户提供了有力支持。然而，并非所有用户都能够充分挖掘其潜在效能。如果要晋升为 DeepSeek 的高阶用户，掌握一系列进阶操作技巧尤为关键。从精确构建指令，到灵活运用其内在特性优化代码执行流程，每一个环节都蕴藏着提升开发效率与代码质量的关键要领。

9.1 解密：那些隐藏的操作

DeepSeek 作为一款功能强大的工具，其蕴含的能力远超直观呈现的范畴。众多隐匿于系统架构内的操作技巧，亟待用户去深度发掘。熟练掌握这些隐藏操作，能够显著优化用户的使用体验，大幅提升工作效率。

9.1.1 自定义模型训练：打造专属 AI 助手

用户在使用 DeepSeek 时可通过自定义模型进行训练，打造一位专属的 AI 助手。用户在自定义的过程中，可以依据以下步骤。

首先，在前期准备方面，用户需收集数据。在这个过程中，用户需明确 AI 助手的应用方向，同时要确保数据合法合规且与应用场景紧密相关。数据收集完成后，用户要对所收集的数据进行预处理，包括清洗数据，去除重复、错误、乱码信息。此外，用户还要对文本数据进行分词、标注等操作，例如，将句子拆分成词语单元，并标注词性、实体等，使数据更易被模型理解，提升训练效果。

其次，前期准备完成后，用户可以对 DeepSeek 进行训练。DeepSeek 提供多种基础模型架构，用户可以根据任务复杂度与数据量进行选择。对于简单文本分类，用户可选轻量级模型；复杂语义理解则需更强大的模型架构，确保基础模型适配专属 AI 助手功能。

再次，用户需设置训练参数，控制模型学习速度以及调整迭代次数，以保障模型充分学习数据特征。完成后用户就可以将预处理后的数据输入选定模型，启动训练。在训练过程中，用户需密切监控准确率、召回率等指标，以衡量模型对不同类别数据的预测能力。

最后，用户需进行优化部署。用户先对模型进行评估与优化，用独立测试数据集评估模型性能，针对性调整数据或模型结构。然后用户就可以将优化后的专属 AI 助手模型部署到合适环境，如企业服务器、云端平台。

用户还需设置好运行参数，确保模型能够稳定运行，与业务系统无缝对接，为用户提供高效服务，实现自定义 AI 助手的价值。

9.1.2　跨语言支持：拒绝语言障碍

DeepSeek 凭借先进的技术，在跨语言支持方面表现卓越，致力于打破语言壁垒，为用户提供无语言障碍的使用体验。

DeepSeek 的跨语言支持基于强大的神经机器翻译技术。其核心模型利用深度神经网络，对海量多语言平行语料库进行学习与训练。在这个过程中，模型深入挖掘不同语言间的语法结构、词汇语义以及语用习惯等方面的对应关系。当用户输入一种语言的文本时，模型首先对输入文本进行语法和语义分析，将其转化为一种通用的语义表示形式。接着，模型依据训练所习得的语言映射关系，把这种语义表示转换为目标语言的文本结构，最后生成流畅自然的目标语言译文。

在实际应用场景中，DeepSeek 的跨语言支持优势尽显。在跨国商务合作中，企业间的邮件往来、合同文件翻译等工作，均可借助 DeepSeek 快速、准确地完成，大大提高了沟通效率，避免因语言不通导致的误解与延误。在国际学术交流领域，科研人员可通过 DeepSeek 无障碍阅读外文文献，分享研究成果，促进全球学术资源的共享与交流。

同时，DeepSeek 还具备持续学习与优化的能力。随着新的语言数据不断涌现，它会自动更新训练模型，提升翻译质量。对于一些专业性较强的领域，如医学、法律等，DeepSeek 通过构建领域专属的语料库，进一步提高特定领域术语翻译的准确性。

通过先进技术手段与持续优化机制，DeepSeek 让用户在跨语言交流中不再受语言障碍的困扰，畅行于全球信息交互的世界。

9.1.3 实时协作：异地团队必备

在异地团队协作场景中，DeepSeek 隐藏操作之一的实时协作能够极大地提升协作效率，助力团队无缝对接，高效完成任务。

DeepSeek 可实现文档实时同步，支持团队成员共同编辑文档。用户将文件上传至协作平台，就能够同时在线编辑。例如，在撰写项目策划书时，身处不同地区的策划、设计、技术人员可分别负责不同板块。一旦有人进行修改，能同步给所有成员，避免版本混乱，极大地提升文档创作效率，让异地团队如同在同一办公室协作般顺畅。

此外，DeepSeek 能助力团队为每个项目设定任务管理模块，成员可创建任务、分配负责人、设定截止日期。任务状态实时更新，负责人完成任务后标记进度，团队成员能够一目了然地看到项目的整体推进情况。例如，在软件开发项目中，从需求分析、代码编写到测试上线，每个阶段的任务进度都清晰呈现。若某个环节出现延迟，相关人员能够及时收到提醒，迅速调整资源与计划，确保项目按时交付。

成为 DeepSeek 高级用户，熟练运用其实时协作功能，异地团队也能够紧密协作，突破地域限制，高效完成各项任务，在激烈的市场竞争中抢占先机。

9.1.4 案例：90 后对 DeepSeek 的个性"投喂"

在当下数字化浪潮中，90 后作为勇于尝新的一代，对新兴的 AI 工具 DeepSeek

展现出很大的兴趣，通过巧妙的"投喂"让其发挥出强大效能。

以自媒体创作领域为例，某位 90 后自媒体博主专注于时尚穿搭分享。在创作小红书笔记时，他并非简单地让 DeepSeek 生成穿搭文案。而是详细"投喂"："作为引领时尚潮流的穿搭博主，针对 25 岁左右的职场女性，结合当下流行的复古风元素，为她们打造一套适合春季通勤的穿搭方案。文案要包含服装款式、颜色搭配、配饰选择，并且在每部分配上 50 字左右的时尚点评，结尾加上引导点赞和收藏的话术。"精确的指令让 DeepSeek 生成的文案极具针对性，符合小红书平台风格与目标受众喜好，该博主凭借这样的文案，笔记点赞量比之前得到了提升。

在学术研究场景中，个性"投喂"也能使 DeepSeek 发挥更大效能。例如，某位 90 后研究生在进行社会学课题研究时，面对大量文献资料分析的难题，他对 DeepSeek 进行了如下"投喂"："以'当代年轻人社交模式转变'为主题，整合近 5 年核心期刊上相关论文，提取每篇论文的研究方法、主要观点、研究结论，并制作成对比表格，同时总结出该领域研究的热点趋势和尚未解决的问题。" DeepSeek 高效完成任务，帮助他快速梳理文献脉络，节省了大量时间。

很多 90 后通过精准、详细的"投喂"，挖掘出 DeepSeek 在不同场景下的潜力，为自身的工作或学习提供有力支持，也展现了这一代人在数字时代善于利用新技术的能力。

9.2　复杂的可视化 DeepSeek

在 AI 蓬勃发展的当下，DeepSeek 以其卓越性能脱颖而出。它不仅能够精准处理文本，还在复杂可视化领域展现出强大实力。无论是绘制条理清晰的流程图，还是生成直观的数据分析图，DeepSeek 都能够通过简洁指令实现。其创新的可视化功能，让抽象信息变得直观易懂，为用户带来全新高效体验，开启深度探索数据与信息的大门。

9.2.1　结构化内容：表格、代码注释等

对于表格、代码注释等结构化、复杂的内容，用户可以利用 DeepSeek 使其实现可视化。

在数据呈现方面，DeepSeek 能够轻松创建复杂表格。以市场调研数据为例，用户要展示不同产品在各季度、各地区的销售情况。在 DeepSeek 中，通过简单的表格创建指令，即可快速生成表格框架。用户需先输入表头信息，如"产品名称""第一季度—东部地区""第一季度—中部地区"等，再依次填入对应数据。

此外，DeepSeek 支持对表格进行多样化的可视化设置。用户可以为表格的行或列添加不同颜色，突出关键数据。例如，用户可将销售额最高的产品所在行设置为醒目的绿色，便于快速定位重点产品，还可以通过调整表格边框样式、字体大小及颜色，让表格在视觉上更加清晰、美观，增强数据的可读性与展示效果。

对于涉及编程的项目，DeepSeek 在代码注释可视化方面表现出色。例如，用户要开发一个 Web 应用程序，代码中包含大量函数和逻辑。DeepSeek 的代码注释功能可以助力用户编写代码时在关键代码段前添加详细注释，如图 9-1 所示。

```
1  # 该函数用于计算用户购物车中商品的总价
2  # 参数 cart_items 为购物车中商品列表，每个商品为一个字典，包含'price'键表示价格
3  # 返回值为购物车商品总价
4  def calculate_cart_total(cart_items):
5      total = 0
6      for item in cart_items:
7          total += item['price']
8      return total
```

图 9-1　DeepSeek 的代码注释功能

通过这样的代码注释，用户在查看代码时，即使不熟悉具体业务逻辑，也能够快速理解代码意图。DeepSeek 还能够将这些注释用不同颜色或样式与代码进行区分，使代码结构更加清晰，协作开发过程中减少沟通成本，提升开发效率。

用户掌握关于表格和代码注释的 DeepSeek 复杂可视化操作，能够为项目推进

提供有力支持。

9.2.2　更高级的可视化报告

DeepSeek 通过重新定义交互式可视化报告的底层架构，将数据分析从"结果展示"升维至"动态探索"，构建起人机协同的认知增强系统。

要利用 DeepSeek 生成报告，首先需全面收集相关数据。这些数据来源广泛，如数据库、文件资料、网络信息等。收集后，DeepSeek 先对数据进行清洗和预处理，去除错误、重复的数据，确保数据的准确性和一致性。

DeepSeek 会根据报告的目的和受众，确定报告的结构，如引言、主体内容、结论等。用户向 DeepSeek 明确提出报告的主题、范围、重点等要求，例如，"生成一份关于某产品市场销售情况的详细报告，涵盖销售数据、市场趋势、竞争对手分析等内容"。DeepSeek 会基于强大的语言理解和生成能力，按照要求组织内容，生成报告。在生成报告的过程中，用户可以与它进行多次交互，对报告内容进行调整和完善，如让其补充特定数据、修改表述方式等。

在得到报告后，由于 DeepSeek 尚不具备直接生成可视化报告的能力，这就需要借助合适的可视化工具，如 Tableau、PowerBI 等专业工具，或者使用 Python 的 Matplotlib、Seaborn 可视化库。用户从生成的报告中提取关键的数据，如统计数据、趋势数据等，将数据输入可视化专业工具，就可以创建可视化图表。通过可视化图表，用户可以清晰地展示数据之间的关系和趋势，增强报告的可读性和说服力。

DeepSeek 凭借多模态交互功能，推动可视化报告领域实现重大突破。它持续赋能各行业数据分析，提升洞察效率与决策质量，引领可视化报告迈向更智能、高效的全新发展阶段。

9.2.3　实战：尝试用 DeepSeek 生成图片

DeepSeek 目前专注于文本处理和对话，并不支持直接生成图片，但用户可以通过以下方法实现图片生成。

用户可以通过 HTML 和 CSS 创建 SVG 格式图片，例如，用户可在 DeepSeek 对话框内输入指令："使用 HTML 生成一张图片，要求科技感十足，蓝色文字，像素 16：9，文字外采用外圆内方的中国画风格，图片文字 'DeepSeek'，背景浅色渐变。" DeepSeek 会根据指令生成代码，如图 9-2 所示，单击代码右下角的"运行 HTML"，即可生成图片，如图 9-3 所示。

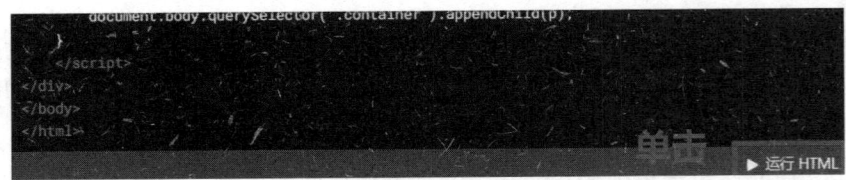

图 9-2　HTML 创建图片的代码

图 9-3　HTML 和 CSS 所创建的图片

另外一种方法是 DeepSeek 与第三方 AI 绘图工具协同作业生成图片。用户在 DeepSeek 对话框中清晰准确地输入想要制作的图片主题及细节要求，DeepSeek 会依据指令，生成一系列详细且专业的提示词。

用户将 DeepSeek 生成的提示词完整地复制到第三方 AI 绘图工具中。同时，用户根据需求设置相应的参数，完成上述操作后，单击"立即生成"按钮，平台会迅速响应，基于提示词和参数，生成多组图片供用户选择。如果生成的图片未能完全符合用户预期，用户可单击"再次生成"按钮，平台会重新创作。

通过以上这些方法，用户能够巧妙运用 DeepSeek 生成各类图片，无论是用于个人创作、商业设计还是其他用途，都能够获得高效且富有创意的图片生成体验。

9.3　向 DeepSeek 高级用户进阶

DeepSeek 作为一款前沿的智能助手，正逐步成为效率探索者的核心工具。然而，许多用户仅停留在使用基础问答与常规功能的层面，未能充分释放其潜能。进阶为高级用户，不仅意味着掌握更复杂的指令技巧，还代表着从"被动使用"转向"主动驾驭"，将 AI 转化为个性化的问题解决引擎。

9.3.1　多模型联动：与 ChatGPT 等融合

单一模型具有局限性，AI 模型想要在市场上占得一席之地，就需要进行联动。在这种背景下，DeepSeek 通过将自研模型与 ChatGPT 等第三方模型进行深度融合，开创了 AI 协作的新范式。这不仅提升了任务执行效率，还重构了 AI 系统的能力边界。

将 DeepSeek 与 ChatGPT 等模型融合，能够实现优势互补。从内容生成角度看，DeepSeek 可以凭借自身强大的生成能力产出高质量内容，之后利用 ChatGPT 对内容进行优化，提升文本的流畅性、逻辑性和可读性。在数据分析场景中，DeepSeek 负责深度分析用户数据，挖掘其中的潜在规律和趋势，ChatGPT 则依据分析结果提供有针对性的策略建议，助力决策的制定。

在实际操作中，用户如果要利用二者进行高效的内容创作，可先在 DeepSeek 中输入详细的主题关键词及相关要求，让其生成内容初稿。例如，用户想创作一篇科技文章，DeepSeek 能够快速整合知识，搭建文章框架并填充主体内容。之后用户可将生成的内容交给 ChatGPT，借助其对语言的精妙把握，对语句进行润色，调整段落结构，使文章更符合受众阅读习惯。

除了与 ChatGPT 融合，DeepSeek 还能够和其他工具联动。例如，DeepSeek 与 Kimi 结合，输入主题关键词，DeepSeek 生成结构化大纲后自动调用 Kimi 模板库匹配图文排版方案，可快速制作出专业 PPT；DeepSeek 和 Cline 搭配，能够实现从自然语言指令到代码生成、云端调试与部署的全栈编程流程。

DeepSeek 与 ChatGPT 等模型的融合，有望在更多领域实现创新应用，为用户带来更智能、高效的服务体验，进一步推动 AI 技术在各行业的深入应用。

9.3.2 切换思考模式：功能价值最大化

用户要实现 DeepSeek 功能价值的最大化，关键在于建立动态思维模式切换机制，通过认知框架的灵活转换激发其的潜能。这种思维切换不是简单的功能选择，而是对问题解决路径的创造性重构。

高级用户往往在以下维度实现思维模式的有机切换。首先是逻辑严谨性与创意发散性的平衡，这种思维模式这有助于实现 DeepSeek 在数据分析和故事叙述指令间灵活跳转。其次是宏观视野与微观洞察的交替，用户需先获取战略框架再深入技术细节。最后是即时响应与长期记忆的协同，这种思维模式有助于 DeepSeek 既能快速处理当下问题又能构建知识图谱，为未来的任务提供坚实支撑。

用户若想充分挖掘 DeepSeek 的价值，就需要训练两种核心能力：一是"思维翻译力"，即将抽象需求转化为精确的指令；二是"价值判断力"，即对 DeepSeek 输出的内容进行二次加工。这种角色化思维切换能够使 DeepSeek 的功能模块得到针对性激活。

价值最大化的终极状态是形成"使用—反馈—进化"的增强回路。用户需建立效果评估体系，记录不同思维模式下的产出效率和质量差异。通过分析 DeepSeek 任务完成度、创新指数、时间成本等维度数据，用户可以不断优化思维切换策略。当处理复杂项目时，用户可采用"敏捷思维"快速迭代，每个周期切换不同思考角度，逐步逼近最优解。

实现 DeepSeek 功能最大化的本质，是用户认知模式与工具技术特性的深度适配。通过动态切换思维方式，用户不仅能够释放 DeepSeek 的当前功能潜力，还能够推动其使用范式向更高维度演进。这种认知灵活性本身，将成为智能时代最核心的竞争优势之一。

9.3.3 用户社区：资源共享与交流

用户想要实现向高级用户进阶，可以在 DeepSeek 用户社区进行资源共享与交流，这能够极大地提升用户体验和 DeepSeek 的使用价值。

在资源共享方面，用户可以利用社区的文件分享板块。用户通过上传自己拥有的各类与 DeepSeek 相关的资源，如模型训练数据、优化后的代码示例等，方便其他用户获取和使用。在上传时，用户需详细标注资源的名称、适用场景、版本信息等，能够让其他用户更快了解资源价值。例如，一位深度学习开发者将自己训练好的针对图像识别的模型参数上传，并配以说明文档，写明训练数据集、模型架构等内容，能够极大地帮助其他有需要的用户节省时间和精力。

对于交流互动，社区设有专门的讨论区。用户可以依据不同主题，如技术问题探讨、应用案例分享等发起新话题。如果用户在使用 DeepSeek 过程中遇到技术难题，如模型加载失败、计算资源分配不合理等，在讨论区发布详细问题描述，社区内经验丰富的用户和开发者往往会及时回复解答。同时，用户可以积极参与他人发起的话题，分享自己的见解和经验，增进彼此之间的了解，促进知识的共享和传播。

此外，社区还支持私信功能。如果用户在交流过程中发现某位用户的见解独特或者其拥有的资源与自己的需求高度契合，可以通过私信进一步沟通，深入探讨合作可能性或获取更详细的信息。这种个性化的交流方式，使资源共享与交流更加精准高效。

DeepSeek 用户社区营造了活跃、高效的资源共享与交流环境，推动用户更好地利用这款工具。

9.3.4 案例：美妆博主用 DeepSeek 创作抖音脚本

如何向 DeepSeek 高级用户进阶？用户可以借助 DeepSeek 生成高质量内容，助力事业发展。以某位美妆博主为例，该博主为某化妆品品牌带货，借助 DeepSeek 生成脚本，助力品牌推广。

在主题构思阶段，该博主向 DeepSeek 描述了当下美妆流行趋势，输入指令"近期美妆流行特点及适合在抖音分享的创意主题"，DeepSeek 依据大数据分析，给出"复古妆挑战""三分钟打造派对妆"等新颖且贴合流行趋势的主题建议，为脚本创作指明方向。

在内容创作环节，该博主需要在脚本中介绍此产品，便在 DeepSeek 中输入产品特点："此款（品牌名称）粉底液遮瑕力强、持久度高、质地轻薄"，DeepSeek 根据用户提供的指令生成详细的产品描述："这款（品牌名称）粉底液拥有超凡遮瑕力，能够瞬间隐匿肌肤瑕疵，无论是斑点还是痘印都无所遁形。独特配方使其持久度惊人，从早到晚持妆在线，妆容始终完美如初。而且质地轻薄似羽，上脸毫无负担，肌肤仿若自由呼吸"。此外，该博主让 DeepSeek 结合此产品细化化妆步骤。该博主通过 DeepSeek 所生成的描述，将产品融入其中，既完成了产品推广又不会让用户在观看时感到推销产品的突兀。

在脚本结构优化方面，博主将初步创作的脚本框架提交给 DeepSeek 分析，并提出优化需求，如增强趣味性、突出重点等。DeepSeek 会给出调整建议，如在合适位置添加幽默互动环节，提升用户参与度，使脚本更具吸引力。

DeepSeek 能够为博主提供深度赋能。通过构思、创作内容及优化脚本结构，DeepSeek 助力博主打造优质脚本，开辟内容创作与流量增长新路径。

下 篇

产业重塑，垂直场景的深度赋能

第 10 章
电商场景：赋能电商 AI 化全流程

电商领域竞争激烈且变化迅速，DeepSeek 的出现带来了变革契机。它深度融入电商各环节，从精准的市场洞察、智能选品，到高效的供应商筛选、库存管理，再到优质的客户服务，以 AI 技术赋能电商全流程，助力商家提升运营效率、增强用户体验，在数字化浪潮中抢占先机，实现飞跃式发展。

10.1 前期决策：DeepSeek 帮选品

在电商领域，选品的优劣是决定成败的核心环节。优质选品可迅速开拓市场，吸引大量客户，为商家创造丰厚利润；反之，则可能致使库存积压，资金周转受阻。DeepSeek 的出现，变革了电商选品格局。它借助先进的数据分析与智能算法，为商家提供精准的市场洞察，助力商家在海量商品中精准定位极具潜力的优质产品，从而开启电商成功之路。

10.1.1 生成市场分析报告，给选品建议

DeepSeek 通过 AI 驱动的市场分析报告生成系统，将海量数据转化为结构化商业洞察，为商家提供从宏观趋势到微观落地的全维度选品指南。这一过程融合数据采集、智能分析、可视化呈现与动态优化四大核心模块，实现"数据—洞察—决策"的闭环赋能，帮助商家在信息过载的时代精准锚定市场机会。

首先，在数据收集阶段，DeepSeek 凭借其强大的网络爬虫技术，广泛收集来

自各大电商平台、行业报告、社交媒体及消费者评论等多渠道的数据。这些数据涵盖了产品的销售数据、价格区间、用户评价和热门搜索关键词等丰富信息。

其次，在数据分析环节，DeepSeek 运用先进的数据分析算法和机器学习模型，对收集到的海量数据进行深度挖掘和分析。它会对市场趋势进行分析，如通过时间序列分析预测某类产品未来几个月或几年的市场需求走向。同时，DeepSeek 对竞争态势进行剖析，对比不同品牌、不同产品的优劣势，找出市场空白点和竞争相对较小的细分领域。

基于精准的数据分析，DeepSeek 生成详细的市场分析报告并对此进行动态优化，通过追踪报告建议并进行验证，实现效果反馈闭环。此外，DeepSeek 将成功案例转化为标准模型特征，建立行业专属数据库，帮助用户全方位了解所选产品在市场中的定位和前景。以此让用户在电商选品中更具针对性和前瞻性，提升成功的概率。

这种以 AI 为引擎的市场分析模式，正在重塑电商行业的竞争规则，让每个选品决策都建立在十亿级数据推演、千万次模拟验证的基础上，真正实现"用数据卖对货"。

10.1.2　捕捉消费趋势，布局热门品类

DeepSeek 在捕捉消费趋势并布局热门品类方面展现出卓越的能力。它主要通过对多元数据的深度挖掘与智能分析，精准把握市场动态，为用户在热门品类布局上提供关键指引。

DeepSeek 利用先进的数据挖掘技术，从海量的互联网数据中筛选出与消费趋势相关的信息。通过进行社交舆情监测、电商行为解析及跨界信号关联等，DeepSeek 可以对电商行业进行深度分析，捕捉用户的兴趣波动，挖掘隐性需求。

同时，电商平台的交易数据也是 DeepSeek 分析的重点。它对不同品类产品的销售数据进行实时监测与长期跟踪，分析销售增长趋势、客单价变化及消费者购买频率等关键指标。通过这些数据，DeepSeek 能够清晰地看到哪些品类正处于快速增长阶段，哪些产品的需求呈现出爆发式增长。

基于对消费趋势的精准捕捉，DeepSeek 为用户提供热门品类布局建议。它会

根据不同趋势的发展阶段和市场潜力，制订个性化的布局策略。对于处于上升初期的热门品类，DeepSeek 建议商家提前布局，以抢占市场份额；对于已经是热门但竞争激烈的品类，DeepSeek 则帮助商家挖掘细分市场，寻找差异化竞争机会。

这种借助 DeepSeek 以数据为驱动的品类布局模式，正在重塑零售行业的游戏规则。商家不再被动追逐流量，而是主动定义消费潮流，在瞬息万变的市场中掌握先发优势。

10.1.3　调研竞品，瞄准差异化卖点

DeepSeek 在助力用户调研竞品并挖掘差异化卖点上，有着一套科学且高效的运作流程。

首先，DeepSeek 通过多种渠道广泛收集竞品信息。它深入各大电商平台，全面获取竞品的产品详情页信息，包括产品特性、功能介绍、外观设计、价格设定及用户评价等。同时，DeepSeek 关注竞品在社交媒体、行业论坛等平台上的动态，收集消费者对竞品的讨论与反馈。

其次，DeepSeek 运用数据分析算法对收集的海量竞品信息进行深入剖析。它能详细对比各竞品的优势与不足，绘制出全面的竞品分析图谱。在分析过程中，DeepSeek 不仅关注产品的核心功能，还会对一些细节方面进行考量。以手机市场为例，除了对比处理器性能、摄像头像素等核心参数，DeepSeek 还会分析诸如手机的散热设计、系统操作的流畅度、个性化定制功能等细节。DeepSeek 通过这种细致入微的分析，帮助用户找出竞品普遍存在的痛点或尚未充分满足消费者需求的领域。

基于对竞品的深入调研与分析，DeepSeek 帮助用户瞄准差异化卖点，并结合市场趋势与消费者需求，为用户提供差异化卖点的优化建议。例如，在推广长续航智能手表时，DeepSeek 建议用户强调该产品在户外场景下无须频繁充电的便利性，让差异化卖点更具吸引力与市场竞争力，助力用户在激烈的市场竞争中脱颖而出。

DeepSeek 凭借强大的数据挖掘与分析能力，全面收集并深度剖析市场竞品信息，精准定位差异化卖点，为商家选品提供关键参考，助力其在竞争中抢占先机。

10.2　中期运营：DeepSeek 懂运营

当电商运营步入中期阶段，如何持续优化流程、提升运营效益成为核心议题。在此过程中，DeepSeek 作为一项关键技术，凭借其智能算法与数据分析能力，在深度剖析运营环节的潜在问题与优化空间方面发挥不可替代的价值。

10.2.1　批量生成爆款文案

在电商运营领域，创作爆款文案是吸引流量、推动销售的核心环节。DeepSeek 能够为商家提供高效批量生成爆款文案的解决方案，主要通过以下三个关键步骤实现。

首先，DeepSeek 对大量成功的爆款文案进行数据采集与分析。DeepSeek 通过深度挖掘这些文案的共性特征，如语言风格、结构框架、情感表达及关键词使用频率等，形成系统性的洞察。以美妆类爆款文案为例，DeepSeek 研究发现运用生动形象的词汇描述产品效果，如"肌肤焕亮如星"，以及采用悬念式开头，如"你知道让肌肤瞬间年轻十岁的秘密吗？"，在高绩效文案中出现的频率较高。

其次，DeepSeek 结合目标受众画像与消费心理进行个性化定制。根据商家提供的产品目标客户群体信息，包括年龄、性别和消费偏好等，DeepSeek 精准调整文案风格与内容侧重点。

最后，在具体文案生成阶段，DeepSeek 运用先进的自然语言生成技术，依据前期分析结果与设定参数，批量输出不同版本的文案。商家只需输入产品核心信息，DeepSeek 便能够迅速生成适配不同营销渠道的爆款文案。

DeepSeek 凭借批量生成爆款文案的强大能力，成为商家在市场竞争中制胜的关键。它不仅能够精准把握市场脉搏，全方位满足营销需求，还能够为业务增长注入持续动力，助力商家抢占流量高地，引领电商行业新征程。

10.2.2　策划个性化营销活动

在电商运营中，策划个性化营销活动是提升用户参与度和转化率的关键。DeepSeek 凭借其强大的数据处理与分析能力，能够精准策划贴合用户需求的个性化营销活动。

首先，DeepSeek 广泛收集多源数据。它整合电商平台的用户浏览记录、购买历史、收藏偏好，以及用户在社交媒体上的互动信息等。通过分析用户在电商平台的相关数据，DeepSeek 能够初步判断该用户对运动健身领域有浓厚兴趣。

其次，DeepSeek 运用数据分析模型对收集到的数据进行深度挖掘。它会根据用户行为模式和消费习惯等因素，将用户细分为不同的群体。针对每个群体，DeepSeek 分析其独特的需求与偏好。例如，专业运动员可能更关注高端、高性能的运动装备，而健身爱好者可能对性价比高且款式新颖的产品感兴趣。

基于用户细分和需求分析，DeepSeek 开始策划个性化营销活动。在活动内容设计上，DeepSeek 根据不同群体的喜好选择合适的呈现形式。例如，针对年轻的健身爱好者，DeepSeek 推荐商家采用短视频、直播等形式进行活动推广，内容充满活力与趣味性；对于相对成熟的专业运动员群体，则通过专业的运动杂志、行业论坛等渠道发布活动信息，内容侧重于产品的技术参数和性能优势。

通过这种精准的个性化营销活动策划，DeepSeek 帮助商家提高营销活动的针对性和有效性，从而提升用户参与度和满意度。

10.2.3　创作直播脚本：助力高效直播

在创作直播脚本方面，DeepSeek 能发挥很大的作用。用户明确直播主题与目标，如"双十一女性服装产品直播脚本，旨在提高产品销量"，它可围绕主题与目标，迅速梳理出关键信息。在规划直播流程方面，用户只需向其描述大致框架，如包含开场热场、产品演示、用户互动、结尾促销等环节，DeepSeek 便能细化各环节内容，如开场设计有趣的电子产品知识小问答吸引观众、产品演示环节详细说明展示产品功能等，截取部分如图 10-1 所示。

以女性服装产品销售为主题生成一个双十一直播脚本

双十一女性服装产品直播脚本

主题：时尚焕新，美丽升级——双十一专属狂欢！

时长：60分钟

主播：小美 & 助理小丽

1. 开场预热（0:00-5:00）

背景音乐：轻快时尚音乐

画面：直播间布置温馨，模特展示主推款服装

小美：

"大家好！欢迎来到【时尚焕新】双十一专属直播间！我是你们的主播小美，今天还有我的好搭档小丽！双十一狂欢已经开始，姐妹们准备好了吗？今天我们的直播间不仅有超多新款女装，还有限时秒杀、满减优惠、抽奖福利，绝对让你买到手软！"

小丽：

"没错！今天我们还为大家准备了超多惊喜，比如1元秒杀、满500减100、还有神秘大奖等你来拿！姐妹们，赶紧叫上闺蜜一起蹲守，错过今天再等一年哦！"

图 10-1　DeepSeek 创作直播脚本

在互动环节，根据用户期望的互动形式，如设置评论抽奖，它能设计出贴合主题的互动问题，如"这款电子产品最吸引你的功能是什么"，并合理安排时间节点。最后，对初步生成的脚本，DeepSeek 可优化语言表述，使其更生动，并检查时间与环节过渡，确保脚本流畅。

用户借助 DeepSeek 创作直播脚本优势显著。一是高效性，其能够在短时间内生成脚本框架及细节内容，大大节省创作时间。二是全面性，DeepSeek 能够考虑直播的各环节要素，从吸引观众注意力到提升观众参与度，各方面都能兼顾。三是专业性，DeepSeek 生成的脚本内容逻辑清晰，语言表述贴合直播场景需求，无论是产品介绍话术还是互动环节设计，都符合直播高效传播信息、促进销售的特点。

DeepSeek 能从多维度助力直播脚本创作，以高效、精准的内容生成，为直播成功奠定基础，让直播在优质脚本支撑下，高效吸引观众，达成目标。

10.2.4　实战：和 DeepSeek 策划一场 10 万+直播

直播策划是一项系统性工程，需要兼顾创意策划、技术执行与传播效果。以

下是借助 DeepSeek 策划直播方案的五个核心步骤，如图 10-2 所示。

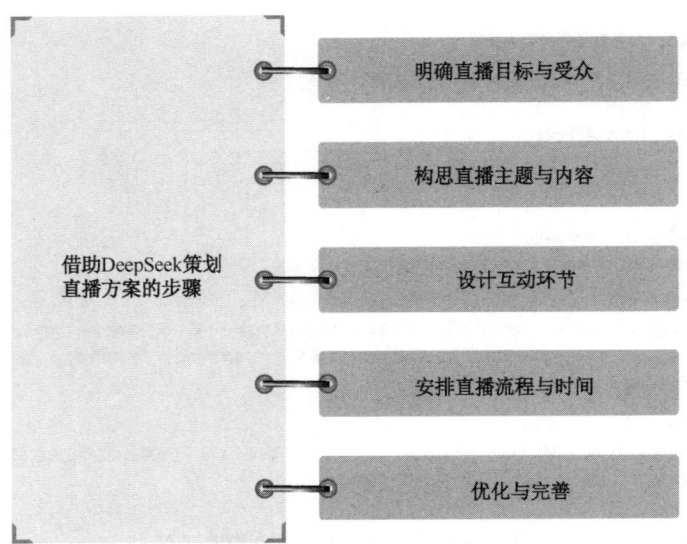

图 10-2　借助 DeepSeek 策划直播方案的步骤

1. 明确直播目标与受众

商家需明确本次直播想要达成的目标，如推广产品、提升品牌知名度和分享知识等。同时，商家需精准确定目标受众群体的特征，如年龄、兴趣爱好和消费习惯等。商家将这些信息输入 DeepSeek，让它为后续步骤提供方向指引。

2. 构思直播主题与内容

商家向 DeepSeek 描述直播目标和受众特点，请求它生成富有吸引力的直播主题。确定主题后，商家可以进一步让 DeepSeek 围绕主题规划直播内容框架，如开场环节的介绍方式、主体内容的分点阐述、结尾的总结与引导。它能提供丰富的创意和逻辑清晰的结构。

3. 设计互动环节

商家借助 DeepSeek 思考多种与观众互动的方式，如设置问答环节，由 DeepSeek 提供常见问题及专业回答示例；设计抽奖规则，包括抽奖时机、奖品设置建议等。通过互动，可以有效增强观众参与感。

4. 安排直播流程与时间

基于前面确定的内容和互动环节，商家可以利用 DeepSeek 规划详细的直播流程时间表，精确到每个环节的开始与结束时间，确保直播节奏紧凑、流畅。

5. 优化与完善

商家把生成的直播方案整体反馈给 DeepSeek，让它从整体逻辑性、吸引力、可行性等方面进行评估并提出优化建议，从而不断完善方案，使其更贴合实际直播需求。

商家借助 DeepSeek 策划直播方案，从确定目标到优化完善，每个环节紧密相连。借助 DeepSeek，直播不仅更高效，还能精准契合用户需求，取得了理想效果。

10.3　后期管理：DeepSeek 能统筹

对于电商行业来说，后期管理也至关重要。DeepSeek 作为一款强大的工具，在这一领域展现出卓越的统筹能力。它能够对项目后期的繁杂事务进行高效梳理，从数据的整合分析，到资源的合理调配，DeepSeek 均能够精准把控。DeepSeek 能够凭借其智能算法，制定出科学合理的后期管理策略，确保项目平稳推进，实现预期目标。

10.3.1　智能用户服务与支持

商家通过将 DeepSeek 引入智能客服系统，可以构建全天候智能服务体系，实现对客户需求的即时响应。

DeepSeek 主要通过以下几种方式实现智能用户服务与支持，如图 10-3 所示。

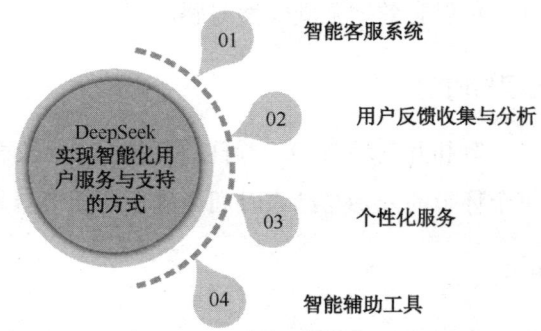

图 10-3 DeepSeek 实现智能化用户服务与支持的方式

1. 智能客服系统

基于自然语言处理和机器学习技术的智能客服系统，能够理解和处理用户的各种问题。DeepSeek 在智能客服系统中的深度应用，为商家实现智能化用户服务提供了强大助力，显著提升了用户满意度与忠诚度。DeepSeek 能精准把握用户咨询意图，当用户询问商品信息时，如"这款手机的电池续航能力怎么样？"，DeepSeek 可以迅速识别关键词，理解用户关注的是手机电池续航这一核心问题。即使用户表述随意，如"我就想知道这手机充一次电能撑多久"，它也能精准捕捉需求，快速定位到相关商品知识。

2. 用户反馈收集与分析

商家可以通过在线问卷、社区论坛、客服反馈等渠道，收集用户对产品功能、使用体验等方面的意见和建议。借助 DeepSeek 的数据分析工具，商家能够对用户反馈进行深入分析，提取关键信息和问题点，以便有针对性地进行产品优化和改进。例如，商家借助 DeepSeek 进行情感分析，判断用户对产品的满意度，找出用户不满的具体方面。

3. 个性化服务

基于用户行为数据和偏好分析，DeepSeek 为用户提供个性化的服务和支持。例如，根据用户的使用习惯和历史操作记录，DeepSeek 推荐相关的功能教程、使

用技巧和产品更新信息。针对不同用户群体，DeepSeek 制定个性化的服务策略和内容，提高用户的参与度和忠诚度。

4．智能辅助工具

DeepSeek 能够帮助用户更高效地使用产品。例如，DeepSeek 提供操作引导、解决常见问题等功能，降低用户的使用门槛和学习成本。

在后期管理中，将智能客服系统与 DeepSeek 结合，能够从多维度构建起全面且高效的智能用户服务与支持体系，以提升用户体验度和忠诚度，并助力产品优化。

10.3.2　为企业抓取白名单供应商

DeepSeek 凭借其强大的智能功能，能够高效地为企业抓取白名单供应商，助力企业构建可靠的供应链体系。

首先，DeepSeek 利用网络爬虫技术，依据企业设定的行业、地区、产品类型等关键筛选条件，在海量的互联网数据中进行深度搜索。DeepSeek 会精准定位相关行业网站、商业数据库、企业黄页等数据源，针对性地抓取潜在供应商信息。

在数据筛选环节，DeepSeek 运用机器学习算法对抓取到的大量供应商数据进行清洗与分析。它会根据企业预先设定的白名单标准，如企业规模、信誉评级、过往合作评价等，对供应商进行初步筛选。例如，对于信誉评级低于一定标准的供应商，DeepSeek 会自动将其排除，大大减少了人工筛选的工作量。

此外，DeepSeek 通过与权威信用评估机构、行业协会数据库等进行数据交叉验证，进一步核实供应商信息的准确性与可靠性。对已纳入白名单的供应商，DeepSeek 将持续跟踪其经营状况、产品质量、服务水平等指标，保证企业始终与优质可靠的供应商合作。

DeepSeek 凭借强大的技术能力，助力企业快速建立可靠的供应商资源库，极大地提升了企业获取白名单供应商信息的效率，为企业业务开展奠定良好基础。

10.3.3　预测库存，提供库存管理建议

在电商行业蓬勃发展的当下，库存管理成为商家运营的关键环节。库存过多易积压资金，库存不足则会错失销售良机，DeepSeek 的出现则为电商商家带来了精准预测库存、科学管理库存的新希望。

DeepSeek 依托强大的数据分析与机器学习技术，能够对海量电商数据进行深度挖掘。它分析商家过往的销售数据，包括不同时间段、不同季节、不同促销活动下各类商品的销售数量。同时，还会综合考虑市场趋势、行业动态、消费者行为数据及社交媒体上与商品相关的热度讨论等多维度信息。例如，通过对社交媒体平台上消费者对某款电子产品功能的讨论热度分析，结合近期该产品在电商平台的搜索量及浏览时长数据，DeepSeek 能敏锐捕捉到市场对该产品需求的潜在变化。

基于这些多源数据，DeepSeek 运用复杂的算法构建精准的库存预测模型。在季节性商品销售方面，如夏季的防晒用品、冬季的保暖服饰，它能根据历年同期销售数据及当年气候预测、时尚潮流趋势等因素，提前准确预估不同款式、尺码商品的销量。对于新品上市，DeepSeek 参考类似产品的市场表现、前期营销推广效果及目标客户群体的反馈，给出合理的首单进货建议，帮助商家避免因盲目进货导致库存积压或缺货。

在提供库存管理建议时，DeepSeek 同样表现出色。它依据库存预测结果，结合商品的采购周期、物流运输时间，为商家规划合理的补货时机与补货量。若某款热门商品库存即将达到安全警戒线，DeepSeek 会及时提醒商家补货，并根据物流信息预估补货所需时间，确保在库存耗尽前完成补货，维持销售的连续性。同时，针对库存中滞销商品，DeepSeek 通过分析原因，如款式过时、价格竞争力不足等，建议商家采取促销活动、组合销售或与供应商协商退货等方式，加快库存周转，释放资金。

DeepSeek 为电商商家提供了智能化、精准化的库存管理解决方案。通过精准预测库存和科学管理建议，商家能够优化资金配置，降低运营成本，提升客户满意度，在激烈的竞争中占据更有利的地位，实现可持续发展。

10.3.4　案例：天猫店铺通过 DeepSeek 筛选供应商

某主营时尚服装的天猫店铺，一直致力于为消费者提供高品质、潮流的服饰，但在供应商筛选环节面临诸多挑战。传统方式耗费大量人力和时间，且难以全面评估供应商的综合实力。

在了解到 DeepSeek 强大的数据分析能力后，该天猫店铺决定尝试借助其筛选供应商。

首先，该店铺运营团队将服装品类、风格偏好、质量标准、价格预期及交货周期等关键需求详细输入 DeepSeek 系统。DeepSeek 从海量的供应商信息库中，快速筛选出符合其要求的潜在供应商。

同时，DeepSeek 对供应商的产品质量评价进行汇总分析，包括面料质感、做工精细度到版型设计等多个维度，以量化的数据形式展示各供应商的质量水平。对于交货准时率，它依据历史订单数据给出准确评估。

基于这些详细分析，DeepSeek 为该天猫店铺提供了一份按匹配度和综合实力排序的供应商名单，并给出了与各供应商沟通的策略建议。

最终，该天猫店铺依据 DeepSeek 的推荐，与筛选出的优质供应商建立合作。在合作后的第一个季度，服装的次品率显著降低。同时，因交货准时，店铺上新周期缩短，销售额实现大幅增长，成功提升了该店铺在天猫平台的竞争力。

商家运用 DeepSeek 筛选供应商，实现了从经验驱动到数据决策的跃迁。这种全链路数字化管理模式，使商家在质量控制、成本优化和供应稳定性上形成三重竞争优势。随着算法迭代与数据沉淀，DeepSeek 将持续赋能企业供应链从"合规筛选"向"价值共创"进化，为电商竞争下半场持续赋能。

第 11 章
传媒场景：推动数字智媒新发展

在传媒场景中，DeepSeek 可助力媒体人打造更贴合受众需求的内容、助力内容分发与跨媒体内容的整合。借助 DeepSeek，媒体人、传媒机构等能够以更高效的方式应对复杂多变的传媒市场需求，引领数字智媒迈向新高度。

11.1 更轻松的内容创作

DeepSeek 能够深入选题策划、素材搜集与整理、传媒稿件撰写等多个环节，助力媒体人实现更轻松的内容创作。

11.1.1 创意风暴：为媒体人策划选题

在传媒场景中，选题策划是内容创作的关键起点，一个好的选题能够吸引受众的目光，引发广泛讨论。借助 DeepSeek，媒体人可以更好地选择选题方向、激发创意，策划出更具吸引力的选题。

一方面，DeepSeek 能够实时追踪社交媒体、新闻平台和搜索引擎上的热点话题，帮助媒体人快速捕捉当前最受关注的内容。同时，基于历史数据和算法模型，DeepSeek 能够预测未来的话题趋势，帮助媒体人提前布局、抢占先机。

另一方面，DeepSeek 能够对目标受众群体进行分析，生成完善的用户画像，帮助媒体人精准定位选题方向。针对用户画像，DeepSeek 也能够为媒体人推荐符合受众需求的选题，提高内容的吸引力。

此外，DeepSeek 可以整合不同领域的数据，帮助媒体人发现跨界的选题灵感，如将科技与时尚结合，挖掘新的内容角度。通过内容整合与深度思考，DeepSeek 也能够生成多样化的选题创意，帮助媒体人突破思维定式，激发创新灵感。

例如，随着文化娱乐产业的蓬勃发展，DeepSeek 能够挖掘出文化与娱乐元素融合的选题亮点。媒体人可以让 DeepSeek 推荐一些文化与娱乐元素融合方向的选题，从中选择中意的选题，如图 11-1 所示。

1. 传统文化与现代娱乐的跨界碰撞

- **选题示例：**
  - 《当京剧遇上电子音乐：一场跨越时空的艺术对话》
  - 《国潮游戏：如何在<原神>中重现敦煌壁画之美？》
  - 《非遗技艺的"破圈"之路：从手工艺到短视频爆款》
- **创意点：**
  通过现代娱乐形式（如音乐、游戏、短视频）重新诠释传统文化，吸引年轻受众，同时保留文化内核。

---

2. 地域文化的娱乐化表达

- **选题示例：**
  - 《方言综艺爆火背后：方言如何成为娱乐新宠？》
  - 《一座城市的BGM：从成都说唱到西安古风，音乐如何塑造城市文化符号？》
  - 《美食纪录片的"地域密码"：从<舌尖上的中国>到<风味人间>》
- **创意点：**
  以地域文化为切入点，结合综艺、音乐、纪录片等娱乐形式，展现地方特色与文化多样性。

图 11-1　DeepSeek 生成的文化娱乐方向的系列选题

再如，科技正深刻改变着人们的生活，DeepSeek 能够敏锐捕捉科技与生活的结合点，给出这方面的创意选题，如图 11-2 所示。

通过 DeepSeek 的助力，媒体人在选题策划上有了更广阔的思路，能够紧扣时代脉搏，策划出满足受众需求、具有深度和影响力的选题，推动传媒行业内容创作迈向新高度。

1. 智能家居与未来生活

- **选题示例：**
  - 《智能家居的"隐形革命"：从语音助手到全屋智能》
  - 《未来厨房长啥样？AI厨师与智能冰箱如何改变我们的饮食生活？》
  - 《智能家居的安全隐患：当你的家被黑客"入侵"》

- **创意点：**
  通过具体场景（如厨房、客厅、卧室）展现智能家居的便利性与潜在问题，引发受众对未来生活的想象与讨论。

2. 健康科技与日常养生

- **选题示例：**
  - 《可穿戴设备的健康革命：从计步器到AI健康管家》
  - 《科技如何助力睡眠？智能床垫与睡眠监测APP的真实体验》
  - 《"数字药丸"来了：吞下一颗药，就能监测你的健康数据？》

- **创意点：**
  结合健康科技产品，探讨科技如何改变人们的养生方式，同时关注其实际效果与隐私问题。

图 11-2　DeepSeek 生成的科技生活方向的系列选题

11.1.2　素材搜集与分类整理

素材的搜集与分类整理是内容创作的基础环节，DeepSeek 能够帮助媒体人高效地搜集、整理和分类素材，提升工作效率和内容质量。

在素材搜集方面，DeepSeek 能够突破信息壁垒，对新闻网站、学术数据库、社交媒体及行业论坛等全网资源进行深度挖掘。例如，媒体人要进行关于"AI 在教育领域应用"的专题报道，可以借助 DeepSeek 搜索全网资料。DeepSeek 能够快速在海量信息中筛选出权威专家对 AI 教育前景的分析文章、相关科研成果与产品发布、教育机构采用 AI 的实践案例等关键素材，节省媒体人大量手动搜索时间。

同时，DeepSeek 能够精准理解媒体人的创作意图，依据设定的主题、关键词及特定要求，如素材的发布时间范围、目标受众类型等，精准定位所需素材。例如，媒体人想要创作面向青少年的环保科普内容，DeepSeek 会聚焦这一需求，搜集易于青少年理解、形式活泼的环保素材，如动画短片、趣味漫画、青少年参与环保行动的案例等。

在素材分类整理方面，DeepSeek 能够自动对搜集到的素材进行整理。例如，媒体人想要 2025 年以来的某一项目相关赛事报道信息，DeepSeek 会在给出丰富信息的同时，将这些信息分为国际赛事、国内赛事、赛事亮点等板块，便于媒体人查找信息。

此外，DeepSeek 能够根据素材间的逻辑关系，构建起完善的素材体系。例如，以"杭州城市发展"为主题，DeepSeek 能够将城市建设规划文件、经济增长数据、文化地标介绍、市民生活变迁故事等素材，按经济、文化、社会等维度分类归纳，形成层次分明的素材库，为媒体人创作深度报道、系列作品提供坚实的创作基础。

11.1.3　辅助撰写新闻稿和宣传稿

新闻稿和宣传稿的撰写需要兼顾时效性、准确性和传播力，而 DeepSeek 以其强大的自然语言理解与生成能力，能够助力新闻稿与宣传稿高效撰写。

在新闻稿撰写方面，通过自然语言处理和深度学习模型，DeepSeek 可快速分析事件背景、提炼核心信息，自动生成符合新闻规范的初稿框架，涵盖"5W1H"（时间、地点、人物、事件、原因、过程）等关键要素，并针对不同媒体调性（如严肃、轻松活泼等）调整语言风格。例如，在突发新闻场景中，输入关键数据或事件概要后，DeepSeek 能够快速输出结构清晰的新闻稿，同时自动规避敏感词、核查事实矛盾点，确保内容的合规性。

相比新闻稿，宣传稿需要具备更强的吸引力。DeepSeek 可提供独特的创意视角。以企业产品宣传为例，DeepSeek 能分析市场趋势、竞品情况及目标受众喜好，提出"从环保新潮流看 XX 产品的绿色优势""XX 产品如何满足 Z 世代个性化需求"等新颖的宣传主题，激发媒体人创作灵感。

在突出产品或服务优势时，DeepSeek 能够运用数据和案例进行精准阐述。例如，在针对一款教育类 App 撰写宣传稿时，其会列举 App 用户的学习成绩提升数据、用户好评案例，以及与传统教学方式对比的优势等，让内容更具可信度。

此外，为了引发受众情感共鸣，DeepSeek 还可以生成富有感染力的宣传稿。例如，在宣传公益活动时，DeepSeek 以受助者的故事为切入点，通过细腻描述情感细节，增强宣传稿的传播效果，吸引更多人关注与参与。

在撰写新闻稿与宣传稿时，媒体人可以提供相关内容，借助 DeepSeek 高效生成稿件。在生成初稿的基础上，媒体人还可以提出具体的优化建议，提高生成稿件的质量。

11.1.4 实战：用 DeepSeek 创作《哪吒之魔童闹海》宣传稿

《哪吒之魔童闹海》（以下简称《哪吒 2》）的上映引发了传媒领域的狂欢。以这一电影为例，媒体人怎样借助 DeepSeek 撰写一篇宣传稿？

首先，媒体人要对宣传稿的内容架构进行思考。在宣传稿的开头可以设置悬念、强调影片热度等，迅速抓住读者眼球。内容主体可以从剧情亮点、角色魅力、制作特效和文化内涵等方面展开。其中，剧情上介绍大概故事走向与核心冲突；角色着重描述主要角色的成长与变化；特效突出制作的用心与震撼效果；文化内涵阐述影片融入的中国传统文化元素。宣传稿的最后还需要引导行动，告知影片上映时间、地点，呼吁观众前往影院观看。

其次，在明确以上内容架构的基础上，媒体人需要向 DeepSeek 输入指令。具体而言，媒体人需要把构思好的框架以清晰指令形式输入 DeepSeek，如"创作一篇《哪吒 2》宣传稿，开头通过制造悬念吸引读者，主体部分依次详细介绍精彩剧情，着重突出哪吒、敖丙等角色的成长变化，描述顶级特效制作及丰富的传统文化元素融入，结尾写明影片上映时间为 2025 年 1 月 29 日（农历大年初一），2D、3D 全版本上映，呼吁观众走进影院观看"。随后即可得到生成的宣传稿，如图 11-3 所示。

在生成宣传稿的基础上，媒体人可以进一步对稿件的语言风格、细节等提出要求，如"调整语言风格、更加生动活泼""使用一些网络流行语，增加亲和力"等。如果媒体人认为宣传稿对某部分内容的描述不够丰富，也可以让 DeepSeek 进一步拓展，如"增加对特效部分内容的描述"，而 DeepSeek 可以根据要求调整宣传稿的风格和内容，截取部分如图 11-4 所示。

他回来了！这一次，他要颠覆三界！

还记得那个脚踩风火轮、手持火尖枪的叛逆少年吗？还记得那句震撼人心的"我命由我不由天"吗？2025年大年初一，哪吒携惊天秘密强势回归，一场颠覆三界的旷世之战即将打响！

【剧情介绍】

封神大战后，哪吒本以为可以过上平静的生活，却意外发现自己的身世之谜远非想象中简单。一个关于三界存亡的惊天阴谋逐渐浮出水面，而这一切竟与他的出生息息相关。与此同时，敖丙在龙族内乱中艰难求生，两个宿命中的对手不得不再次携手，共同面对前所未有的危机。

【角色成长】

- **哪吒**：从叛逆少年到肩负重任的英雄，哪吒在寻找真相的过程中逐渐领悟到责任与担当的真谛。面对亲情与使命的抉择，他将如何守护所爱之人？
- **敖丙**：经历龙族内乱的洗礼，敖丙从优柔寡断的龙太子蜕变为果敢坚毅的领袖。在与哪吒的并肩作战中，他能否打破命运的枷锁，带领龙族走向新生？

【视听盛宴】

- **顶级特效**：国际顶尖特效团队倾力打造，震撼呈现三界大战的恢弘场面。从海底龙宫到九重天界，每一帧画面都堪称视觉盛宴。
- **传统文化**：影片巧妙融入中国传统神话元素，如太极八卦、五行相生相克等，在创新中传承中华文化精髓。

【上映信息】

2025年1月29日大年初一，《哪吒2》2D、3D全版本震撼上映！这个春节，让我们相约影院，见证哪吒与敖丙的蜕变之旅，感受颠覆三界的震撼对决！你，准备好了吗？

图 11-3　DeepSeek 生成的《哪吒 2》宣传稿

- **顶级特效**：国际顶尖特效团队倾力打造，震撼呈现三界大战的恢弘场面。从海底龙宫到九重天界，每一帧画面都堪称视觉盛宴。
  - **水火对决**：哪吒的三昧真火与敖丙的寒冰之力激烈碰撞，火焰与冰霜交织，特效细腻逼真，仿佛能感受到炽热与寒冷的交织。
  - **元神出窍**：哪吒元神出窍的场景采用突破性的粒子特效技术，金光流转间，元神与肉身的分离与融合令人叹为观止。
  - **三界崩塌**：天界、人间、龙宫三界崩塌的场面气势磅礴，碎裂的天穹、倾覆的海洋、崩塌的山川，每一处细节都经过精心打磨，带来极致的视觉冲击。

图 11-4　DeepSeek 对宣传稿内容进行补充

在获得经过多次调整的最终稿件后，媒体人还需要对稿件内容进行检查，如检查信息是否准确、是否存在错别字等。同时，媒体人还需要站在受众角度，感受宣传稿是否具有吸引力，能否激发人们的观看欲望。经过仔细调整与审核，媒体人能够进一步提高稿件质量,完成《哪吒 2》宣传稿的创作。

11.2 DeepSeek 赋能内容分发

DeepSeek 在内容分发领域作用显著,能够助力跨平台的内容分发以及传媒平台的个性化内容分发,并给出分发渠道优化与改进建议,提高内容分发的效率和准确性。

11.2.1 内容跨平台分发,引爆影响力

在信息爆炸的时代,媒体人在内容跨平台分发方面面临挑战。不同平台对内容格式、风格的要求各异,传统的人工创作方式不仅耗时耗力,还难以保证内容的一致性和高质量。借助 DeepSeek,媒体人则可实现内容的多平台快速分发,提升内容的影响力。

DeepSeek 能够智能识别各平台的特性,自动对内容进行优化和转换。如果用户想要一篇公众号推文,DeepSeek 可以对长文进行排版优化,使其更符合读者在移动端的阅读习惯;如果用户想要一篇小红书文案,DeepSeek 能够改变语言风格,使内容更具吸引力和互动性;如果用户想要一篇知乎文章,DeepSeek 则会调整表述方式,使其更具学术性和专业性。这意味着,媒体人可以借助 DeepSeek 获得适合多平台的文章或文案,轻松实现高质量内容的跨平台分发。

例如,针对用户给出的"如何挑选优质咖啡豆"的文章,DeepSeek 可以根据用户的需求生成多风格的内容,如图 11-5 到图 11-7 所示。

1. 小红书文案 (轻松活泼，注重视觉和互动)

标题： 咖啡小白必看！3分钟教你挑出神仙咖啡豆，从此告别速溶！

正文：

👐咖啡控看过来！你是不是也曾经被琳琅满目的咖啡豆搞得眼花缭乱？别担心，今天就来教你3招，轻松挑出神仙咖啡豆，从此告别速溶，享受醇香！

Step 1：看产地
🗺 不同产地的咖啡豆风味迥异，埃塞俄比亚的果香、哥伦比亚的均衡、印尼的醇厚... 选择你喜欢的风味，开启味蕾之旅！

Step 2：看烘焙度
☕浅烘果酸明亮，中烘均衡醇厚，深烘浓郁苦甜。根据个人口味选择，找到你的专属咖啡灵魂！

Step 3：看新鲜度
📅 咖啡豆也有最佳赏味期！选择烘焙日期新鲜的咖啡豆，才能品尝到最完美的风味哦~

互动：
💬 你最喜欢哪种风味的咖啡豆？快来评论区告诉我吧！

图 11-5　小红书文案

3. 知乎文章 (专业深度，注重逻辑和干货)

标题： 如何挑选优质咖啡豆？从产地、烘焙度到新鲜度，一篇讲透！

正文：

一、咖啡豆的产地与风味

- 埃塞俄比亚：以果香和花香著称，口感清新明亮。

- 哥伦比亚：风味均衡，酸度适中，口感顺滑。

- 印尼：以醇厚浓郁著称，带有泥土和香料气息。

- ... (列举其他主要产地及风味特点)

二、咖啡豆的烘焙度与口感

- 浅度烘焙：酸度明亮，果香突出，口感清爽。

- 中度烘焙：酸度与苦味平衡，口感醇厚。

- 深度烘焙：苦味浓郁，带有焦糖和巧克力风味。

- ... (详细解释不同烘焙度对咖啡风味的影响)

图 11-6　知乎文章

4. 公众号推文 (情感共鸣，注重故事性和价值传递)

标题：一杯好咖啡，从挑选咖啡豆开始｜生活美学

正文：

清晨的第一缕阳光，伴随着咖啡的香气，开启美好的一天。一杯好咖啡，不仅能唤醒味蕾，更能带来心灵的慰藉。而一杯好咖啡的关键，就在于挑选优质的咖啡豆。

1. 咖啡豆的旅行：从种子到杯中的旅程

每一颗咖啡豆，都承载着阳光、雨露和时间的馈赠。从遥远的咖啡庄园，经过采摘、处理、烘焙，最终来到我们的杯中，讲述着一段关于风土人情的旅程。

2. 如何挑选适合自己的咖啡豆？

- **产地**：不同产地的咖啡豆，拥有独特的风味密码。埃塞俄比亚的果香、哥伦比亚的均衡、印尼的醇厚……选择你喜欢的风味，开启味蕾之旅。
- **烘焙度**：浅烘、中烘、深烘，不同的烘焙度带来不同的口感体验。找到你的专属咖啡灵魂，享受醇香时刻。
- **新鲜度**：咖啡豆也有最佳赏味期。选择新鲜烘焙的咖啡豆，才能品尝到最完美的风味。

3. 咖啡与生活：一杯咖啡，一种生活态度

咖啡不仅仅是一种饮品，更是一种生活态度。它代表着精致、品味和对美好生活的追求。从挑选咖啡豆开始，用心品味每一杯咖啡，感受生活的美好。

结尾：

愿每一杯咖啡，都能为你带来温暖和力量。

图 11-7 公众号推文

DeepSeek 为内容跨平台分发提供了一站式解决方案。它帮助媒体人打破了平台之间的壁垒，实现了内容的高效传播和精准触达，在提升内容传播效率和影响力的同时，也为媒体人节省了大量的时间和精力。

11.2.2 个性化动态兴趣图谱分析

在传媒领域竞争激烈的背景下，个性化服务成为吸引用户、增强用户黏性的关键。通过接入 DeepSeek，传媒平台能够实现个性化动态兴趣图谱分析，提供更加个性化的服务，提高内容分发效率。

一方面，传媒平台接入 DeepSeek 后，能够对用户在平台上的各种行为数据进行深度挖掘和分析。无论是用户浏览新闻资讯的类别、停留时间，观看视频的偏好、互动行为，还是参与社区讨论的话题倾向等，DeepSeek 都能进行全面的收集

和整合。通过机器学习算法和深度学习模型，DeepSeek 可以从这些数据中精准提炼出用户的兴趣点。

例如，对于一个经常浏览科技新闻、关注新能源汽车动态并且参与相关话题讨论的用户，DeepSeek 不仅能识别出用户对科技领域的兴趣，还能进一步细分出用户对新能源汽车这一特定方向的关注。这种深度洞察使用户需求变得更加清晰，为传媒平台提供了更有针对性的服务依据。

另一方面，基于个性化动态兴趣图谱分析，传媒平台能够实现精准的内容推荐。当用户打开平台时，系统会根据 DeepSeek 生成的兴趣图谱，为用户推荐符合其兴趣偏好的新闻文章、视频节目及专题内容等。例如，对于一个喜欢历史文化类内容的用户，平台会优先推送相关的历史纪录片、文化讲座视频和历史故事文章等。而且，随着用户兴趣的动态变化，DeepSeek 会实时更新兴趣图谱，确保推荐内容始终与用户的最新兴趣保持一致。这种精准的推荐不仅提高了用户对平台内容的满意度和使用频率，还能有效提升平台的用户留存率。

当下，不少平台希望借助 DeepSeek 实现突破，并做出了一些探索。以社交媒体平台脉脉为例，其通过接入 DeepSeek-R1 赋能 AI 招聘，实现了平台信息的精准推荐。

经过多年深耕，脉脉积累了丰富的求职招聘数据，沉淀了庞大的社交网络图谱与社区互动数据。这为 AI 招聘的实现提供了丰富的数据资源。有了 DeepSeek-R1 的加持，脉脉在 AI 招聘方面更进一步，能够通过动态的职场兴趣图谱提升招聘效率。

通过对用户在平台上各类行为的细致观察，如浏览岗位的偏好、搜索记录、在特定页面的停留时长等，脉脉能够精准捕捉到可能蕴含求职意愿的信号，精准洞察求职者潜在的求职意向。

在投递过滤环节，DeepSeek-R1 的融入有利于助力招聘流程中筛选步骤的优化。当求职者完成投递后，系统会自动开启智能初筛程序，快速甄别出不符合基础岗位要求的简历，减轻招聘人员的筛选负担。同时，系统还会自动触发追问机制，针对简历中缺失的关键信息，如项目经验细节、特殊技能掌握程度等，进一步向求职者询问，以补充完整更具价值的信息，为后续的精准匹配提供依据。

智能打招呼功能展现出脉脉的人性化与智能化，基于对求职者兴趣图谱的深入分析，生成个性化的沟通方案，使招聘方与求职者的首次交流便具有针对性，大大提高了沟通的成功率。

在评估人才意向阶段，系统通过动态追踪用户行为，对包含求职招聘数据、社交网络图谱以及社区互动数据等在内的多维数据进行深度解析，利用先进的算法对这些海量数据进行优化处理，从而实现求职者与岗位的精准匹配，让合适的人才能够迅速对接契合的岗位。

总之，通过实现个性化动态兴趣图谱分析，DeepSeek 能够赋能传媒平台内容分发，让信息传递更加精准、高效。

11.2.3 分发渠道优化与改进建议

内容分发渠道的优化与改进对于内容的广泛传播和影响力提升至关重要。DeepSeek 能够从多方面助力内容分发渠道优化与改进。

在内容分发渠道优化方面，DeepSeek 能够帮助媒体人制定多渠道协同推广策略，充分发挥不同渠道的优势，实现内容传播效果最大化。

例如，某传媒机构在推广一部新电影时，计划采取三大渠道分发策略。一是在社交媒体平台（如微博、微信等）上发布电影预告、明星动态等内容，引发用户关注和讨论，制造话题热度；二是在视频平台（如抖音、B 站等）上发布精彩电影片段、搞笑花絮等短视频，吸引用户观看并分享；三是在专业影评网站（如豆瓣电影）上发布专业影评和评分，引导用户深入了解电影。

DeepSeek 可针对新电影宣传的需求，给出分发渠道优化建议，如图 11-8 所示。

传媒机构可以根据 DeepSeek 的建议，打通更多内容分发渠道，通过各渠道之间的协同推广，形成全方位的传播矩阵，扩大电影的影响力和受众覆盖范围。

同时，DeepSeek 能够分析内容分发问题并给出改进建议。例如，一条视频在抖音平台上的播放量初期增长迅速，但后期很快停滞，媒体人可以请 DeepSeek 给出改进建议，如图 11-9 所示。

1. 线下渠道与线上联动

- **影院合作**：与影院合作，在电影上映前进行预告片放映、海报展示、主题展览等，吸引线下观众关注。
- **城市地标广告**：在核心商圈、地铁站、公交站等人流密集区域投放电影广告，结合二维码或AR互动，引导用户扫码观看预告片或参与线上活动。
- **快闪活动**：举办电影主题的快闪活动或路演，邀请明星到场，吸引粉丝和路人参与，并通过社交媒体直播或短视频传播，扩大影响力。

2. 跨界合作与品牌联动

- **品牌联名**：与知名品牌合作推出联名产品（如电影主题的饮料、服装、玩具等），借助品牌的渠道和用户群体扩大电影曝光。
- **跨界营销**：与游戏、音乐、餐饮等行业合作，推出电影主题的游戏皮肤、OST专辑、主题餐厅等，吸引不同圈层的用户关注。
- **公益活动**：结合电影主题发起公益活动（如环保、教育等），提升电影的社会影响力，同时吸引媒体报道和公众关注。

图 11-8　DeepSeek 给出的分发渠道优化建议

1. 优化视频内容，提升互动率

- **增强开头吸引力**：抖音用户注意力有限，视频的前3秒至关重要。优化视频开头，用悬念、冲突或视觉冲击吸引用户停留。
- **增加互动点**：在视频中设置互动问题、投票或挑战，鼓励用户评论、点赞或分享。
- **引导用户行为**：在视频结尾或文案中明确引导用户"点赞""评论"或"分享"，提升互动率。

2. 利用热点和话题

- **蹭热点**：结合当前平台热门话题、音乐或挑战，制作相关内容，借助热点流量提升视频曝光。
- **创建话题**：为视频设计一个独特的话题标签（如#电影名挑战#），鼓励用户参与并分享相关内容。
- **节日或事件借势**：结合节日、纪念日或社会热点，制作相关主题视频，吸引更多用户关注。

图 11-9　DeepSeek 给出的改进建议

　　根据这些分析结果，媒体人可以及时调整内容分发策略，如优化内容创作方向、选择更合适的发布平台或调整发布时间等，从而提升内容的传播效果和影响力。

11.3　高级操作：跨媒体内容整合

　　除了助力内容创作与内容分发，DeepSeek 还能够在智能审核、媒体资源管理、跨媒体创作等方面发挥作用，助力跨媒体内容整合。

11.3.1 智能审核：敏感信息识别+舆情监测

传媒平台接入 DeepSeek，能够显著提升在敏感信息识别、舆情监测等方面的能力，推动内容审核和舆论管理智能化升级。

在敏感信息识别方面，DeepSeek 利用自然语言处理和图像识别技术，能够快速、精准地检测文本、图片、视频中的敏感内容，如政治敏感词、暴力、谣言等。通过实时审核，DeepSeek 能够在内容发布前拦截违规信息，降低平台风险，同时减少人工审核的成本。

在舆情监测方面，DeepSeek 通过全网数据抓取和情感分析技术，实时追踪热点话题，分析舆论情感倾向，并提供可视化报告。平台可借助 DeepSeek 升级预警机制，及时发现负面舆论，快速响应突发事件，避免舆情发酵。

通过接入 DeepSeek，传媒平台不仅能提升内容审核效率，还能更好地把握舆论动向，确保信息传播的安全性和合规性，为用户提供更健康的内容。

在实际探索方面，牡丹大数据舆情中心旗下的牡丹智能内容审核平台已经接入 DeepSeek，在多个方面实现了升级。

（1）精准审核服务更上一层楼。DeepSeek 拥有强大的自然语言处理能力，被引入审核模型后，能精准捕捉文本不规范信息，识别现有系统难以覆盖的错误词条。同时，结合专业权威的人工智能算法语料库，该平台在涉时政表述不规范审核上更精准，契合政府、机关单位、国企宣传部门发文审核要求。

（2）智能写作支持全场景覆盖。平台的智慧公文写作功能借助 DeepSeek 在内容创作和语义分析方面的优势，根据用户输入的关键词理解其需求，不仅能快速生成规范格式公文，还支持润色、改写等多种操作。平台丰富的公文分类、分级、素材及海量范文和写作素材，为相关人员提供了强大的智能写作支持。

（3）政策解析权威精准。平台聚焦国家政策导向，利用 DeepSeek 的信息搜索、汇总与推理能力，深入分析政策文件背景、目标和条款，结合实际案例多维度解读，提供执行建议，助力用户把握政策导向并转化为实际行动。

（4）知识沉淀机制个性化。为满足用户个性化需求，平台支持自建个性化知识库。用户可上传各类文档整合知识资源，借助 DeepSeek 的数据处理和知识整合能力优化资源配置，加速信息检索和应用，提高工作效率。

借助 DeepSeek，牡丹智能内容审核平台的审核精准性显著提升。随着技术发展，DeepSeek 将在内容审核领域发挥更大作用，推动内容审核智能化。

11.3.2 媒体资源管理：媒体数据分类更智能

数据分类分级是媒体资源管理的重要内容。传统依赖人工操作的分类分级方式存在效率低、因知识局限或人为失误导致分类不准确的问题。在这种情况下，传媒平台可以引入 DeepSeek，借助 DeepSeek 实现智能化的数据分类分级，以及自动化、智能化的资源管理。

DeepSeek 拥有海量知识储备，传媒平台借助其丰富知识，可有效避免传统机器学习模型在分类标注时因知识缺失造成的错误标注。同时，平台能依靠大模型智能分析，快速、精准地为海量数据标注分类分级标签。接入 DeepSeek 的平台处理速度惊人，数据标注效率远超人工标注效率，能够大幅节省数据标注的时间成本和人力成本。

接入 DeepSeek 的平台不仅分类分级效率高，还具备强大的自学习功能。平台能够通过对人工复核结果的分析，提取标注逻辑、优化模型提示，持续提升分类分级的准确性。而且，平台还能够借助 DeepSeek 对字段进行聚类分析，自动生成分类框架，保障分类标签的精准性与一致性。

总之，接入 DeepSeek 的传媒平台能够快速识别并精准标注海量数据，让媒体资源管理更高效。

11.3.3 半岛传媒接入 DeepSeek，智能化发展

在媒体智能化转型的趋势下，半岛传媒积极探索，率先接入 DeepSeek，在媒体智能化转型进程中取得突破性进展，为行业发展提供了创新范例。

1. AI 赋能客户端，智慧服务升级

半岛传媒与 DeepSeek 的合作，推动了旗下客户端智能化变革。半岛新闻客户

端借助 DeepSeek 的自然语言处理能力和自身丰富的本地化内容，为用户提供新闻深度解读和生活服务。用户在半岛新闻客户端单击 AI 机器人图标，就能与 DeepSeek 对话，了解新闻背景、获取青岛本地服务信息。

2．AI 融入媒体生产，提升新闻创作效率与创新能力

半岛传媒的采编体系与 DeepSeek 实现了融合。智能化的 AI 助手具备智能选题、素材整理、风险识别等功能，还能够提取事件脉络、生成初稿框架、聚焦事件进行深度分析等，这能够为媒体人的新闻创作提供全面辅助，提高新闻生产效率。

3．AI 助力舆情监控，精准把握舆情态势

在舆情监控方面，DeepSeek 的接入驱动了平台清渠舆情态势感知系统的升级。借助 DeepSeek 的热点预测与趋势分析能力，该系统可以预测话题热度走势，追踪评论区情绪变化，预警争议观点，实现对舆情态势的精准判断。

4．AI 强化数据处理，提供可靠数据支撑

半岛传媒的数据处理能力与 DeepSeek 相结合，通过智能识别、信源核查等，提升了数据处理效率，为媒体内容生产和舆情数据监测提供了有力支持。

展望未来，DeepSeek 与半岛传媒的融合，将助力半岛传媒在智能化转型中持续领先，为媒体行业创新发展提供借鉴。这种"AI+媒体"的模式，有望推动媒体在智能化时代获得更好的发展。

第 12 章
金融场景：监管与创新的动态平衡

在数字化浪潮席卷金融领域的当下，技术创新成为重塑金融生态的关键驱动力。DeepSeek 作为前沿的 AI 技术，正以其强大的数据分析、风险预测与智能决策能力，悄然渗透到金融业务的各个环节。从精准的客户画像构建，到高效的信贷审批流程，再到智能投顾服务，DeepSeek 正颠覆传统金融模式。本章将深入探讨 DeepSeek 如何助力金融场景创新，解锁新的增长机遇，引领金融生态迈向深度变革的全新阶段。

12.1 新身份：投资 AI 助手

DeepSeek 以"算法智慧"重塑金融市场格局。它可以作为投资方面的 AI 助手，为用户提供研究报告，帮助用户进行公司、项目的智能分析，最终获得个性化的投资方案。

12.1.1 生成行业研究报告

DeepSeek 作为新一代 AI 大模型，通过多模态学习与自然语言处理技术，显著提升了行业研究报告生成效率与质量。在金融领域，DeepSeek 生成行业研究报告有一套高效且智能的流程。

在数据收集阶段，DeepSeek 利用其强大的网络爬虫技术，广泛地获取金融研报和数据，聚焦摘要部分以提取核心观点。同时，DeepSeek 通过数据清洗与特征工程优化，自动识别行业关键指标，并量化分析市场情绪与政策影响。

进入分析环节，DeepSeek 运用先进的自然语言处理技术，对收集的文本数据进行语义理解和情感分析。同时，其借助机器学习算法对大量结构化数据进行建模，挖掘数据间的关联与趋势。

在报告生成阶段，DeepSeek 根据分析结果，按照行业研究报告的标准结构组织内容。DeepSeek 根据用户需求，灵活调整重点内容，为金融从业者提供高质量、个性化的行业研究报告，助力其做出精准的投资决策和战略规划。

例如，如果用户想了解 2024 年金融市场发展情况，可以让 DeepSeek 生成"2024 年金融市场发展报告"，截取部分图 12-1 所示。

◇ 已搜索到 49 个网页 ＞

2024年金融市场发展报告

摘要

2024年，全球金融市场在经济复苏、科技创新、可持续投资等多重因素的推动下，呈现出新的发展态势。本报告从全球经济背景、金融市场趋势、技术创新、可持续投资以及面临的挑战等方面，全面分析2024年金融市场的现状与未来发展方向。

一、全球经济背景

1. **经济复苏态势**

   2024年，全球经济逐步从疫情和衰退中复苏，主要经济体的财政和货币政策调整推动了增长。预计全球经济增速将回升，新兴经济体表现尤为突出 ③ ⑧ 。

   ○ 中国GDP预计增长5%左右，消费和投资成为主要驱动力 ⑧ 。

   ○ 欧美央行加息周期结束，美元指数走弱，新兴市场货币汇率回升 ⑧ 。

2. **贸易与地缘政治风险**

   全球贸易增长乏力，贸易保护主义和地缘政治紧张局势对金融市场构成不确定性 ③ ⑧ 。

图 12-1　2024 年金融市场发展报告

在报告中，DeepSeek 会详细介绍全球经济背景、金融市场发展趋势、可持续投资成为主流、金融市场面临的挑战等信息。根据这些信息，用户可以判断投资与布局风口，抓住市场趋势。

此外，如果用户想要对某一部分内容进行详细了解，也可以让 DeepSeek 给出更详细的报告。

12.1.2　智能分析公司基本面和项目

DeepSeek 作为新一代人工智能技术平台，能够为金融行业的智能分析提供突破性解决方案，尤其在公司基本面和项目分析方面展现出显著价值。

对于公司基本面分析，DeepSeek 首先从海量金融数据来源着手。它能够自动筛选权威金融数据库、财经新闻媒体、证券交易所公告等，精准抓取目标公司的财务报表数据以及关键信息。其次，DeepSeek 通过先进算法对这些数据进行深度挖掘，并以直观图表呈现，助力分析师迅速掌握公司状况。同时，DeepSeek 可分析公司所在行业动态，抓取行业政策变动、竞争对手数据，与目标公司数据对比，挖掘公司在行业中的竞争优势与潜在风险，形成对公司基本面的全面洞察。

在项目分析方面，DeepSeek 能够收集项目相关的市场数据、行业前景预测、技术可行性资料等。对于项目收益预测，它整合宏观经济数据、市场趋势等信息，运用复杂模型模拟多种情景下的收益情况，给出较为可靠的收益区间。对于风险评估，DeepSeek 分析项目实施过程中的政策风险、市场风险和技术风险等，依据历史案例与实时数据评估风险发生概率及可能造成的损失，为金融机构在项目决策时提供全面、科学的智能分析支撑，大幅提升决策效率与准确性。

DeepSeek 已形成从数据治理、智能分析到决策支持的完整闭环，正在重构传统基本面分析的价值链条。未来，随着多模态分析能力的持续进化，DeepSeek 有望在项目现金流预测、并购协同效应评估等复杂场景创造更大价值。

12.1.3　个性化投资方案创作

在金融行业，DeepSeek 凭借强大的数据分析能力与智能算法，为投资者量身打造个性化投资方案，主要包括以下 3 个步骤，如图 12-2 所示。

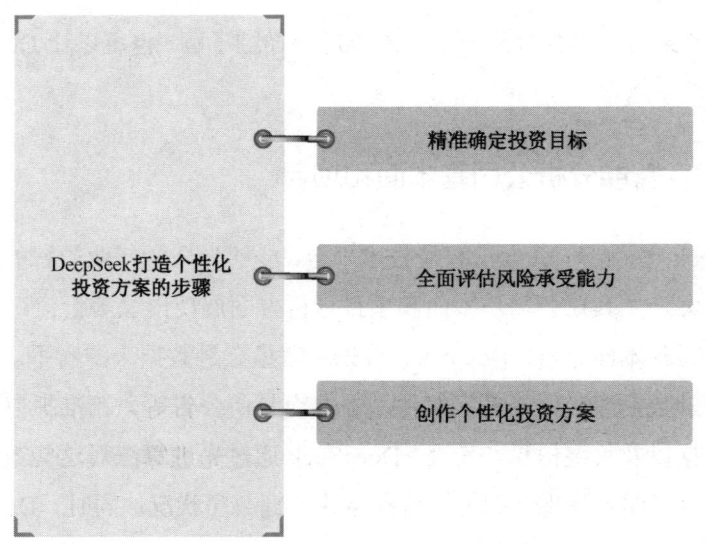

图12-2　DeepSeek 打造个性化投资方案的步骤

1. 精准确定投资目标

DeepSeek 通过与用户深入交互，利用自然语言处理技术理解用户的投资诉求。同时，还会考虑用户的收入水平、财务状况等因素，为投资目标设定合理的量化标准。

2. 全面评估风险承受能力

DeepSeek 运用专业的风险评估模型，结合用户的财务状况、投资经验、年龄和收入稳定性等多维度数据，计算出用户的风险承受系数。例如，年轻且收入稳定、投资经验丰富的用户，可能风险承受能力相对较高；而临近退休、收入趋于稳定的用户，风险承受能力通常较低。

3. 创作个性化投资方案

基于投资目标与风险承受能力，DeepSeek 为投资者制订投资方案。同时，DeepSeek 持续跟踪市场动态，利用大数据分析和实时行情监测，及时调整投资组合。当市场出现重大变化时，DeepSeek 能够迅速评估对投资组合的影响，并根据用户的风险偏好和投资目标，给出资产调整建议。

DeepSeek 通过对不同用户的个性化分析，为其定制个性化的投资方案，确保投资方案始终契合用户需求，助力用户在风险可控的前提下实现收益最大化。

12.1.4 实战：为白领客户制订投资方案

对于白领客户，DeepSeek 制订投资方案时会充分考虑其群体特性。

首先，明确投资目标。多数白领有稳定收入，但也面临生活成本高、购房、子女教育和养老等多重经济压力。DeepSeek 通过与客户深入交流，了解其目标。根据这些目标，DeepSeek 为其设定合理的投资期限与预期收益。

其次，评估风险承受能力。白领客户一般具有一定金融知识和风险意识，但因工作繁忙，难以时刻关注市场波动。DeepSeek 能够结合客户年龄、收入稳定性、现有资产状况等因素，运用专业模型评估其风险承受能力。例如，年轻单身白领，风险承受能力相对较高；中年、背负房贷和家庭责任的白领，风险承受能力适中。

基于以上两个方面，DeepSeek 可给出具体的白领客户画像，如图 12-3 所示。

- ○ **收入结构**：月薪为主，年终奖/绩效为辅，现金流稳定但增量有限。
- ○ **时间约束**：工作繁忙，倾向"省心型"投资（如定投、智能投顾）。
- ○ **风险偏好**：中低风险承受力，追求资产保值增值，厌恶大幅波动。
- ○ **核心目标**：子女教育、购房置业、养老储备、对抗通胀。

图 12-3 白领客户的画像

最后，在资产配置方面，DeepSeek 能够针对性构建多元化投资组合。例如，对于风险承受能力较高的年轻白领，DeepSeek 会推荐其配置高份额股票或股票型基金、中份额债券基金及低份额货币基金，保证高收益的同时，实现风险与资金流动性平衡，如图 12-4 所示。对于风险承受能力适中的中年白领，DeepSeek 则推荐其配置高份额债券基金、中份额股票或股票基金及低份额货币基金。

1. **核心资产（60%-70%）**：配置中低波动产品组合，如纯债基金（年化3%-5%）、红利指数ETF（股息率4%+）、量化中性策略（年化6%-8%），确保基础收益并降低回撤。

2. **卫星资产（30%-40%）**：根据风险测评动态调整，进取型客户可配置行业轮动FOF（科技+消费主线）或定投纳斯达克100指数；保守型增加黄金ETF（5%-10%）以对冲系统性风险。

3. **流动性层（5%-10%）**：保留货币基金或短债应对突发支出，避免被动赎回损及长期收益。

图 12-4 风险承受能力较高的白领的资产配置情况

同时，考虑白领关注便捷性，DeepSeek 会推荐操作简单、收益稳定的基金定投产品，帮助客户定期定额投资，平滑市场波动影响。此外，DeepSeek 还会根据市场变化，适时调整投资组合比例，确保投资方案始终契合白领客户的财务状况与投资目标，助力其实现财富稳健增长。

DeepSeek 通过全面收集白领客户相关信息，运用智能算法深度剖析数据，精准把握需求，为每位白领客户量身定制投资方案，实现资产配置的优化，助力白领客户达成财富增长目标。

12.2 赋能金融风控工作

在金融领域，风控至关重要，而 DeepSeek 能够成为强化风控的得力助手。它利用先进技术，深入挖掘金融数据中的潜在风险因素。从精准识别欺诈行为，到提前预警系统性风险，DeepSeek 将重塑金融风控体系，为金融机构的稳健运营保驾护航。

12.2.1 市场风险预警

传统的风险防控手段存在诸多局限性，借助 DeepSeek 先进的技术架构，金融机构能够对市场风险预警及处置机制进行创新性变革，有效提升金融体系的安全性与稳定性。

DeepSeek 在市场风险预警方面具有诸多优势。一方面，DeepSeek 能够实时采集和分析海量金融市场数据（如股票价格、汇率、利率等），并通过机器学习模型识别潜在的市场风险信号，提供全面的市场风险预测。另一方面，借助自然语言处理技术，DeepSeek 可以实时分析新闻、社交媒体和行业报告中的情绪和舆情，识别可能影响市场情绪的风险因素，如通过监测负面新闻或突发事件，提前预警可能的市场恐慌情绪。

基于以上优势，DeepSeek 能够与金融机构的市场风险预警系统结合，提升系统的预警能力。具体而言，DeepSeek可为系统提供以下助力。

（1）实时市场监测与预警。DeepSeek可以监测金融市场动态，包括股票、债券等的价格波动和交易量变化，并通过数据分析与对比，捕捉市场趋势的变化，提前发出风险预警。

（2）自动化风险应对机制。DeepSeek支持自动化风控解决方案，当市场波动超过预设阈值时，系统可以自动触发风险对冲操作或调整交易策略，降低人为操作的风险。

（3）情景分析与压力测试。DeepSeek可以模拟多种市场情景（如经济衰退、利率上升等），帮助金融机构评估不同情景下的风险敞口和潜在损失，提前制订应急预案。

借助DeepSeek的支持，金融机构能够以更加智能的系统更加从容地应对市场波动带来的风险，提升经营稳定性。

12.2.2 信用评估与实时反欺诈

在金融行业，精准的信用评估与严密的反欺诈机制是维持市场秩序、保障资金安全的基石。DeepSeek凭借前沿技术，在信用评估与实时反欺诈领域发挥重要作用，有力地应对金融市场中的重重挑战。

在信用评估方面，DeepSeek广泛收集多源数据。它整合用户的借贷记录和还款历史，全面了解用户的信用履约情况。同时，DeepSeek还从第三方数据平台获取用户的消费行为数据及公共数据，构建完整的用户画像。

基于海量数据，DeepSeek运用机器学习算法构建信用评估模型。模型会对各类数据进行深度分析，挖掘数据间的潜在关联。此外，模型会根据市场环境变化和新数据进行实时更新优化，确保信用评估的准确性和时效性。

对于反欺诈，金融机构借助DeepSeek能够实时监测交易数据，运用异常检测算法识别可疑交易行为。当一笔交易的金额、地点、时间等维度出现与用户历史行为模式不符的情况时，系统会立即发出预警。

例如，某银行与大型电商平台合作推出消费信贷产品，借助DeepSeek进行信用评估与实时反欺诈。DeepSeek整合电商平台交易数据，涵盖消费频率、金额、退货情况，以及用户在银行的储蓄、过往信贷记录等信息。

在评估一位新申请信贷的用户时，DeepSeek 发现该用户短期内消费行为异常，频繁购买高价值商品且收货地址多变，同时其在银行的信用评分模型中部分指标波动明显。经综合分析，DeepSeek 判断该用户存在欺诈风险。基于此，银行暂停信贷审批，经进一步调查核实，该用户账户确遭不法分子盗用，银行成功拦截欺诈交易，保障了资金安全。

DeepSeek 在信用评估和实时反欺诈方面取得了卓越成效，为金融机构提供了可靠的决策依据，大幅降低信用风险和欺诈损失，重塑金融交易的安全环境。

12.2.3　金融机构操作风险识别

金融机构操作风险具有隐蔽性与强危害性，传统识别方法难以有效应对。DeepSeek 凭借前沿技术，深度嵌入金融业务流程各环节，开辟操作风险识别新范式，为维护金融体系安全提供有力支撑。

首先，DeepSeek 展开多维度数据收集工作，深入金融机构内部体系，广泛收集业务流程数据。同时，DeepSeek 对内部管理数据进行系统性梳理。此外，DeeepSeek 抓取外部数据，以此构建全面、丰富的操作风险数据池。

基于所收集的数据，DeepSeek 借助机器学习与深度学习算法搭建操作风险识别模型。该模型通过对海量历史数据的深度学习，提取出正常操作模式与潜在风险操作模式的特征差异。此外，模型会依据不同业务环节的特性，对各类风险特征进行权重赋值，从而精确评估操作风险发生的可能性。同时，DeepSeek 会对风险事件进行详细分析，评估风险可能波及的范围及影响程度，维护金融机构运营的稳定性与安全性。

DeepSeek 为金融机构风险防控提供坚实的数据与技术支撑，保障金融机构稳健运营，在维护金融市场秩序的宏观层面具有不可忽视的价值。

12.2.4　案例：东证期货与 DeepSeek 强强联手

在金融行业加速数字化转型的浪潮中，东证期货与 DeepSeek 的合作成为引人

瞩目的焦点。这一强强联手，为期货市场带来了前所未有的技术革新，极大地提升了金融服务的效率与质量。

东证期货作为行业内的重要参与者，拥有深厚的市场经验与广泛的业务布局。其经营范围涵盖商品期货经纪、金融期货经纪、期货投资咨询、资产管理及基金销售等多个领域。凭借在传统金融业务的领先优势，以及对金融科技的不懈探索，东证期货一直致力于为投资者提供更优质、更专业的服务。而 DeepSeek 作为先进的人工智能技术代表，具备强大的数据分析、深度学习以及自然语言处理能力，为金融领域的创新发展提供了有力支撑。

双方合作后，首先在智能投研方面取得显著突破。东证期货将 DeepSeek 模型集成至自主研发的智能投研平台。借助 DeepSeek 强大的信息检索与分析能力，平台能够在海量的金融数据中快速筛选出有价值的信息。无论是宏观经济数据的变化趋势，还是特定期货品种的供需关系动态，都能被精准捕捉。例如，在分析原油期货市场时，DeepSeek 可以综合全球地缘政治局势、原油生产国的产量调整计划、国际能源需求变化等多维度数据，快速生成详细的市场分析报告，为投资者提供全面且深入的市场洞察，帮助其制定更合理的投资策略。

在策略生成方面，DeepSeek 同样发挥了重要作用。它能根据投资者的风险偏好、投资目标及市场实时情况，智能生成个性化的投资策略。对于经验丰富的投资者，DeepSeek 可以依据其过往交易记录与投资风格，优化现有的交易策略；对于初入市场的新手，它则能提供基础且实用的投资建议，降低投资门槛。这种智能化的策略生成方式，不仅提高了策略的科学性与有效性，还大大缩短了策略研发的周期。

合规风控是金融行业的生命线，东证期货与 DeepSeek 的合作在这方面也取得了积极成果。DeepSeek 通过对交易数据的实时监测与分析，能够及时发现潜在的风险隐患。比如，当市场出现异常波动或者交易行为存在可疑迹象时，它可以迅速发出预警信号，并协助东证期货的风控团队进行风险评估与处置，有效保障了投资者的资金安全和市场的稳定运行。

东证期货与 DeepSeek 的合作是金融科技领域的一次成功实践。通过将先进的人工智能技术深度融入期货业务的各个环节，实现了效率提升、成本降低及服务精准度的优化。这一合作模式不仅为东证期货的发展注入了新的活力，也为整个金融行业的数字化转型提供了宝贵的借鉴经验，引领行业朝着更加智能化、高效化的方向迈进。

12.3 守住底线——合规

在金融行业，合规是稳健发展的基石。DeepSeek 作为一项前沿技术，凭借其独特的优势，从多个维度赋能金融机构严格坚守合规底线，维护金融行业的秩序与稳定。

12.3.1 反洗钱（AML）管理

在金融行业稳健发展的进程中，反洗钱工作始终是维护金融秩序、保障金融安全的重要防线。随着洗钱手段日益复杂隐蔽，传统反洗钱方式渐显捉襟见肘，而 DeepSeek 的出现，为金融机构的反洗钱（AML）管理带来了新的曙光。

DeepSeek 具备卓越的数据分析与机器学习能力，能够对金融机构海量的交易数据进行深度挖掘与分析。它能够从复杂的数据海洋中精准地筛选出可疑交易线索。传统反洗钱系统多依赖预先设定的规则来识别可疑交易，那些突破常规模式的洗钱行为往往难以察觉。DeepSeek 则不同，它通过对大量历史交易数据的学习，构建起复杂且精准的交易行为模型。

例如，它不仅能关注交易金额、频率、流向等常规指标，还能深入分析交易时间间隔的微妙变化、交易对手之间的潜在关联等隐蔽信息。一旦发现某笔交易的行为模式偏离正常模型范围，便会迅速将其标记为可疑交易，极大地提高了可疑交易识别的准确性和全面性。

在反洗钱客户身份识别环节，DeepSeek 同样发挥着关键作用。准确识别客户身份是阻断洗钱活动的首要步骤。金融机构客户众多，信息繁杂，人工审核效率低下且容易出错。DeepSeek 利用自然语言处理技术，能够快速处理客户提交的各

类身份资料，包括身份证、营业执照和地址证明等。它不仅能核实资料的真实性，还能通过交叉验证多个数据源，如社交媒体数据、公共信用信息平台数据等，进一步确认客户身份信息的一致性与完整性。若遇到身份信息模糊或存在疑点的客户，DeepSeek 能够自动发起额外的调查流程，深入挖掘客户背景信息，有效防范不法分子利用虚假身份进行洗钱活动。

对于反洗钱调查工作，DeepSeek 能够提供强大的支持。当金融机构发现可疑交易需要展开调查时，DeepSeek 可在短时间内收集并整合与该交易相关的所有信息，包括交易链条上各个环节的详细数据、涉及的客户历史交易记录及相关的市场动态信息等。通过对这些信息的综合分析，它能为调查人员梳理出清晰的交易脉络，预测洗钱活动可能的发展方向，为调查工作提供精准的指导。

例如，在涉及跨境洗钱的复杂案件中，DeepSeek 能够快速分析不同国家金融机构间的资金流动数据，识别出资金转移的关键节点和潜在的洗钱网络，帮助调查人员高效锁定犯罪嫌疑人，加快案件侦破进程。

DeepSeek 以其先进的技术能力，从交易监测、客户身份识别到调查支持，全方位助力金融机构提升反洗钱管理水平。通过引入 DeepSeek，金融机构能够更有效地识别和防范洗钱风险，维护金融体系的稳定与安全，为金融行业的健康发展保驾护航 。

12.3.2　生成监管政策分析报告

在金融行业，监管政策犹如指南针，指引着行业前行方向，其重要性不言而喻。随着金融市场的不断发展与创新，监管政策也日益复杂多变，金融机构迫切需要精准、深入地解读这些政策，以便合规运营并把握发展机遇。DeepSeek 的出现，为金融机构生成高质量监管政策分析报告提供了强大助力。

DeepSeek 具备强大的信息搜集能力。它能够在海量的信息源中快速检索，涵盖国内外监管机构官网、金融行业权威资讯平台、学术研究数据库等。无论是新出台的金融监管法规条文，还是监管部门负责人的最新讲话要点，DeepSeek 都能及时抓取。例如，当央行发布关于数字货币监管的相关文件时，DeepSeek 能瞬间锁定文件内容，并同步搜集各大金融媒体的解读报道及行业专家的分析观点，为后续深入分析奠定坚实的数据基础。

在政策解读环节，DeepSeek 凭借先进的自然语言处理和深度学习技术，对搜集到的政策文本进行深度剖析。它可以精准解读政策条款背后的意图，将复杂晦涩的法律条文转化为通俗易懂的语言阐述。以资管新规为例，其中涉及众多关于资产管理业务的规范和限制，DeepSeek 能够梳理出关键要点，如对理财产品净值化转型的要求、对资金池运作的禁止规定等，并分析这些要点对金融机构资管业务的具体影响，包括业务模式调整方向、合规成本变化等。

在生成分析报告方面，DeepSeek 更是展现出卓越优势。它能够依据政策解读结果，结合金融机构自身业务数据和市场动态，生成个性化、针对性强的分析报告。报告不仅包含政策要点总结、影响评估，还会提供应对策略建议。比如，对于一家以债券投资为主的金融机构，在分析债券市场监管政策调整时，DeepSeek会根据该机构的持仓结构、投资策略及风险偏好，给出诸如调整投资组合比例、优化交易流程以满足监管要求等具体建议，帮助机构提前布局，降低政策变动带来的风险。

此外，DeepSeek 还能持续跟踪监管政策的动态变化，及时更新分析报告内容。当监管政策出现补充细则或进行修订时，它能迅速识别变化要点，重新评估对金融机构的影响，并在报告中体现，确保金融机构始终掌握最新、最准确的监管政策信息，保持合规运营，在复杂的金融监管环境中稳健发展。

通过 DeepSeek 的助力，金融机构在监管政策分析方面实现了从粗放式理解到精细化解读、从被动应对到主动适应的转变，极大提升了自身的合规管理水平和市场竞争力，为金融行业的稳定健康发展注入新的活力。

12.3.3 金融人合规培训与教育

合规在金融行业生态体系中占据基础地位，就目前来看，传统合规培训模式已难以契合金融行业日益复杂、精细化的发展需求。在此背景下，DeepSeek 为金融行业带来了创新的解决方案，金融行业借助 DeepSeek 能够创新解决方案，紧密贴合金融人的岗位职责与专业素养要求，构建起一套全新的合规培训体系。

DeepSeek 能根据不同岗位需求与知识基础，定制个性化培训内容。同时

DeepSeek 通过精准定位培训需求，确保培训内容与金融人实际工作紧密结合。

例如，某大型银行的一线柜员小张，日常工作涉及大量储蓄、转账业务。DeepSeek 分析其岗位数据后，推送了一系列如客户身份识别流程违规、资金异常转账未及时上报等常见业务违规案例。同时，DeepSeek 详细解读了近期央行关于操作规范的新政策，小张通过学习，能够迅速将所学运用到实际工作中，有效减少操作失误。而该银行的部门经理小李，收到的则是关于构建银行内部合规风险评估体系的培训内容，包括如何设定风险指标、建立风险预警机制等，助力其在管理层面优化合规策略。

在培训形式上，DeepSeek 采用多样化手段提升学习体验。它打造沉浸式虚拟培训场景，例如，DeepSeek 通过模拟金融交易环境，让学员在实践操作中感受合规流程的重要性，体验违规操作带来的后果。同时，DeepSeek 利用视频课程、互动式课件等多种形式传递知识，增强学习效果。

为跟踪学习效果，DeepSeek 运用数据分析技术。它实时监测学员在培训过程中的参与度、答题准确率、对知识的掌握进度等数据。根据这些数据，DeepSeek 智能调整后续培训计划。此外，DeepSeek 还定期组织在线考试与模拟演练，模拟真实的合规考核场景，检验学员学习成果，并生成详细的学习报告。这些报告帮助金融人明确自身优势与不足，以便有针对性地改进。

DeepSeek 通过定制化内容、多样化形式与智能化跟踪机制，有效提升了金融从业者的合规素养。此创新模式为金融行业合规体系建设注入新动能，为金融业务的稳健运行提供了有力支撑，推动行业合规进程达到新的高度。

第 13 章
教育场景：强化现代教育科技感

DeepSeek 在教育场景的应用为现代教育注入了强大的科技活力。在课前，教师可以借助 DeepSeek 高效备课；在课中，DeepSeek 为个性化教学与学习提供了助力；在课后，DeepSeek 能够融入课后管理多环节，提升管理效率。有了 DeepSeek 的助力，教育进一步突破传统模式，更具创新性与科技感。

13.1　惊喜，用 DeepSeek 备课

借助 DeepSeek，教师可以设计高质量教案、高效组卷、快速整合教学素材等，实现高效备课。根据教师的要求，DeepSeek 可以凭借强大的信息处理能力，在海量教育资源里精准筛选，快速整合适配的教学素材，形成完善的教学方案。

13.1.1　设计高质量教案

DeepSeek 能够为教案设计提供诸多便利，以下将详细讲解借助 DeepSeek 设计教案的方法。

1. 明确教学目标

教师在 DeepSeek 中输入课程主题，如"初中自然课程中的光合作用"，接着描述期望学生达到的学习成果，如"学生能够理解光合作用的基本过程，掌握光、二氧化碳和水在其中的作用，并能解释光合作用对生态系统的重要性"。DeepSeek

会依据输入的内容，从大量教学资源中快速梳理出与该主题匹配且符合目标设定的教学大纲框架及关键知识点，为教案设计奠定基础。

2. 规划教学内容

参考 DeepSeek 给出的大纲，教师可以进一步细化教学内容。例如，针对光合作用的基本过程，让 DeepSeek 提供生活中的实例，如"植物在阳光下生长""树叶颜色变化与光合作用的关系"等，以此阐释光合作用的概念。

对于光、二氧化碳和水的作用，教师也可以让 DeepSeek 展示详细的科学原理和实验案例，如"光照强度对光合作用速率的影响""水生植物释放氧气的实验"。将这些内容合理安排到教案的相应板块中，使教学内容更加丰富。

3. 选择教学方法

教师可以向 DeepSeek 询问适合该课程内容的教学方法。例如，对于光合作用概念和过程的教学，DeepSeek 会推荐用讲授法进行；对于"探究光、二氧化碳和水在光合作用中的作用"则推荐使用实验探究法，以增强学生对知识的理解。将多种教学方法整合进教案，能够使教学过程生动多样。

4. 设计课堂活动

基于选定的教学方法，教师可以利用 DeepSeek 设计课堂活动。例如，教师采用实验探究法，可以让 DeepSeek 帮忙设计实验任务，或是让 DeepSeek 生成合适的课堂互动提问等。这些活动和问题融入教案，能够充分调动学生在课堂上的参与度。

5. 确定评估方式

在教学评估方面，教师可以要求 DeepSeek 提供与课程内容匹配的练习题，作为课堂小测或课后作业评估学生知识掌握情况，也可以让 DeepSeek 给出评估学生实验表现的量表，从实验设计、观察记录和数据分析等维度进行打分，完善教案中的评估环节。

在实际应用过程中，教师可以根据实际教学科目、年级等对上述步骤及内容进行调整，或者提出教案设计的特殊需求，让 DeepSeek 优化教案。

13.1.2 智能组卷与答案分析

在教学中，DeepSeek 还能助力智能组卷与答案分析。在智能组卷方面，DeepSeek 能够根据历史教学需求，快速生成内容丰富的试卷，题型多样且难度可控。教师向 DeepSeek 提出需求，如"请帮我生成一份高一历史期中试卷，涵盖中国古代史（秦汉至隋唐），难度中等，包含选择题、材料分析题和论述题"，就能获得一份 DeepSeek 生成的试卷，截取部分如图 13-1 所示。

高一历史期中试卷

（考试时间：90分钟 满分：100分）

一、选择题（每题2分，共40分）

1. 下列哪项不属于秦始皇巩固统一的措施？（ ）
   A. 统一文字、货币、度量衡
   B. 修建驰道、直道
   C. 焚书坑儒
   D. 实行郡县制

2. 汉武帝时期，为加强中央集权，在经济上采取的措施是（ ）
   A. 颁布"推恩令"
   B. 实行盐铁官营
   C. 设立刺史制度
   D. 推行察举制

3. 下列哪项不属于东汉末年军阀割据局面形成的原因？（ ）
   A. 外戚宦官交替专权
   B. 黄巾起义的打击
   C. 土地兼并严重
   D. 曹操"挟天子以令诸侯"

图 13-1 DeepSeek 生成的试卷

整个试卷包含选择题、材料分析题和论述题，其中，选择题难度中等，材料分析题和论述题难度稍高，能够全面考查学生对知识的掌握情况。试卷覆盖教学大纲中的核心历史事件和人物，知识点全面。除了根据教师要求生成试卷，DeepSeek

还会给出相关参考答案和解析。

在答案分析方面，DeepSeek 能够自动分析学生的答题情况，提供详细的统计数据和个性化反馈。教师可以上传学生答卷或输入答题数据，并提出要求，如"请分析以下学生答题情况，并生成错误率统计和知识点薄弱点分析"。DeepSeek 会统计试卷各题型的错误率，并分析学生在哪些知识点上错误率较高，针对薄弱点推荐相关历史资料和练习题。

在日常教学、期中/期末考试、作业批改等场景中，教师都可以尝试使用 DeepSeek，提高工作效率。

13.1.3　教学材料推荐与整理

在备课过程中，很多教师都会搜索大量资料以丰富教学内容。在这方面，DeepSeek 能够根据教师的教学目标、学生水平和课程内容，智能推荐相关的教学材料。

教师可以给出明确的教学需求，让 DeepSeek 提供相关资料，如"请推荐一些关于'文艺复兴'的高中历史教学材料，包括文章、视频和练习题等"。在精准匹配的基础上，DeepSeek 能够提供多种形式的教学材料，这些材料来自权威教材、学术文章等，具有很高的可信度。

除了推荐教学材料，DeepSeek 还能够帮助教师对教学材料进行智能整理和分类，便于后续使用和分享。教师可以上传或输入教学材料并提出请求，如"请帮我整理以下关于'文艺复兴'的教学材料，并按主题分类"，DeepSeek 即可给出整理后的内容。

依托于 DeepSeek，教师可以高效获取和整理教学材料，提升备课效率，丰富教学内容，为学生提供更优质的学习体验。

王老师是一位初中语文教师，在以往备课过程中，面对浩如烟海的语文教学资源，常常感到力不从心。为了准备一堂关于鲁迅《从百草园到三味书屋》的课程，她需要花费大量时间在各个网站搜索教案、课文解析资料、拓展阅读素材及合适的课堂练习题目，随后还要手动将这些材料分类整理，整个过程耗时费力。

自从使用 DeepSeek 后，王老师的备课体验有了极大的提升。在准备《从百草园到三味书屋》的教案时，她在 DeepSeek 中输入"初中语文七年级鲁迅《从百草园到三味书屋》优质教案、深度课文解析、拓展阅读材料及课堂练习题"。很快，DeepSeek 便呈现丰富且精准的搜索结果，截取部分如图 13-2 所示。

一、优质教案

1. **《从百草园到三味书屋》优秀教案（精选5篇）**
   - 该教案从教学目标、重难点分析、教学过程等方面进行了详细设计，注重引导学生体会鲁迅童年生活的乐趣，并通过对比百草园和三味书屋的生活，帮助学生理解文章主题 6 。
   - 链接：《从百草园到三味书屋》优秀教案

2. **人教版语文七年级上册《从百草园到三味书屋》教案设计**
   - 该教案设计理念清晰，注重联系学生生活实际，通过朗读、讨论、仿写等方式，帮助学生掌握写景技巧和文章主旨 12 。
   - 链接：人教版语文七年级上册教案设计

3. **《从百草园到三味书屋》教案教学设计**
   - 该教案从教材分析、教学目标、教学流程等方面进行了系统设计，特别注重引导学生通过观察和描写景物，培养写作能力 7 。
   - 链接：教案教学设计

二、深度课文解析

1. **《从百草园到三味书屋》教材分析**
   - 该解析从文章结构、语言特点、主题思想等方面进行了深入分析，特别强调了鲁迅对童年生活的怀念以及对封建教育的批判 13 。
   - 链接：教材分析

图 13-2　DeepSeek 给出的丰富教学资料

王老师从中挑了一份引导学生自主探究的教案。这份教案设计了有趣的课堂导入环节，通过展示百草园的图片和相关音频，迅速吸引学生的注意力，激发他们对课文的兴趣。同时，DeepSeek 推荐的深度课文解析资料，从鲁迅的写作背景、文章的结构层次到语言特色，都进行了细致入微的剖析，为她深入理解课文提供了有力支持。

在拓展阅读方面，DeepSeek 为她推荐了几篇与鲁迅童年经历相关的文章，以及其他作家描写童年趣事的佳作，丰富了教学内容，拓宽了学生的阅读视野。在练习题方面，DeepSeek 推荐的内容涵盖语句赏析、主题理解等多个层面，难度梯度合理，能够满足不同层次学生的学习需求。

基于 DeepSeek 推荐的丰富内容，王老师的备课效率大幅提高。同时，DeepSeek 推荐的教学资料质量高、贴合学生学习需求，有效提升了教学质量。

在教育资源日益丰富的今天，DeepSeek 无疑成为教师备课过程中的得力助手。它帮助教师在纷繁复杂的教学材料中迅速筛选出优质内容，从而节省了宝贵的时间，提高了教学效率，最终促进了学生的学习与成长。

13.1.4　实战：用 DeepSeek 生成数学周测卷

在数学教学过程中，周测是检验学生学习成果、巩固知识的重要手段。教师可以借助 DeepSeek 高效生成数学周测卷。

首先，教师需先明确周测需要涵盖的数学知识点。例如，教学进度处于初中数学的一元一次方程章节，测试范围便可设定为一元一次方程的概念、解法及实际应用问题等方面。同时，教师可以根据考查重点与教学目标，规划试卷题型及相应分值，并将试卷难度分为基础、中等、较难三个层次。

其次，在做好上述准备的基础上，教师可以借助 DeepSeek 生成试卷。例如，教师给出指令"生成一份初中数学关于一元一次方程的周测卷，包含 5 道选择题，每题 3 分；5 道填空题，每题 4 分；3 道解答题，共 55 分。难度分布为基础题 40%，中等题 40%，较难题 20%。选择题考查一元一次方程概念，填空题考查方程解法，解答题考查实际应用"，即可得到一份 DeepSeek 生成的试卷，截取部分如图 13-3 所示。

在得到生成的试卷后，教师还需要对试卷进行完善与优化。

（1）检查题目准确性。教师需仔细检查 DeepSeek 生成的试卷题目是否存在错误，包括题干表述是否清晰、答案是否正确等。例如，对于一些涉及图形或复杂运算的题目，要确保图形绘制准确、运算结果无误。

初中数学一元一次方程周测卷

班级：_____ 姓名：_____ 学号：_____ 成绩：_____

一、选择题（每题 3 分，共 15 分）

1. 下列方程中，是一元一次方程的是（ ）
   A. $2x + 3y = 5$
   B. $x^2 - 2x + 1 = 0$
   C. $3x - 5 = 2x + 1$
   D. $\sqrt{x} + 2 = 5$

2. 方程 $2x - 5 = 3$ 的解是（ ）
   A. $x = 1$
   B. $x = 2$
   C. $x = 3$
   D. $x = 4$

3. 下列变形中，正确的是（ ）
   A. 由 $3x = 6$，得 $x = 6 - 3$
   B. 由 $x + 2 = 5$，得 $x = 5 + 2$
   C. 由 $2x - 1 = 3$，得 $2x = 3 + 1$
   D. 由 $x/2 = 4$，得 $x = 4/2$

图 13-3　DeepSeek 生成的数学周测卷

（2）调整题目顺序。教师可以根据教学逻辑和学生答题习惯，对题目顺序进行适当调整。例如，可以将同一知识点的题目放在一起，或者按照从易到难的顺序排列，让学生能够循序渐进地答题，增强自信心，提高答题效率。

（3）补充个性化题目。教师可根据班级学生的实际学习情况，补充一些具有针对性的个性化题目。如果发现班级学生对某一知识点的掌握普遍薄弱，则可以额外增加几道此类题型，强化训练。

通过以上步骤，教师可以借助 DeepSeek 高效生成高质量、具有针对性的数学周测卷，节省大量时间和精力。经过完善的试卷能够更好地服务于数学教学，助力学生提升学习效果。

13.2 个性化教学与学习

DeepSeek 在人机协同双师课堂、个性化学习方案规划等方面具有广阔的应用前景，能够从多方面助力个性化教学与学习的实现。

13.2.1 人机协同双师课堂

DeepSeek 可作为 AI 助手，为教师提供实时支持，形成一种高效、互动性强的人机协同双师课堂模式。

对于教师而言，DeepSeek 堪称一位得力的智能教学伙伴，极大地优化了教学流程。在授课前，借助 DeepSeek，教师只需输入学科、年级、教学目标等信息，就能够得到智能生成的完整且详细的教案，涵盖导入设计、知识讲解思路、课堂互动环节及课后作业布置建议等。

在授课过程中，课堂动态多变，学生遇到的问题往往难以预测。DeepSeek 能够帮助教师解答学生提出的各种问题。无论是数学中复杂的公式推导，还是英语中语法的细微差别，它都能迅速给出准确且清晰的解释。这不仅确保学生的疑惑能得到及时解决，维持学习的连贯性和积极性，还减轻了教师即时回应所有问题的压力，使教师能够更专注于引导课堂讨论、把控教学节奏。

此外，DeepSeek 能够对课堂中学生的表现、参与度及作业完成情况等数据进行深度分析，为教师生成全面且精准的学情报告。报告中清晰呈现每个学生对不同知识点的掌握程度、学习进度及常见错误类型等信息，帮助教师精准把握学生学习状况，从而制订更有针对性的教学策略。

对于学生而言，DeepSeek 可作为智能学习伙伴，为学生提供多种帮助。除了及时解答学生提出的课堂问题，DeepSeek 还能够针对学生对知识点的掌握情况为其推荐相关的知识点。例如，对于基础薄弱的学生，它会推荐基础知识巩固资料，如详细的知识点讲解文档、基础练习题及配套的视频解析，帮助学生查漏补缺、夯实基础。而对于学有余力的学生，则提供拓展性学习内容，如学科相关的前沿知识、高难度挑战题目及学术研究案例等，满足他们对知识的更高追求，激发其学习潜能。

在双师课堂中，DeepSeek 能够为教师和学生提供强有力的支持，让教育更加高效、智能、个性化，在减轻教师压力的同时更好地助力学生成长。

13.2.2　个性化学习方案规划

当前，传统模式下"一刀切"的学习方案已难以满足学生日益多样化的学习需求，而 DeepSeek 的出现为实现个性化学习带来了新的曙光。通过接入教学平台，DeepSeek 可获得海量的学习数据，为学生提供个性化的学习方案。

教学平台上，学习记录模块会自动记录学生课程学习、作业完成、测试考核等方面的行为数据。基于这些数据，DeepSeek 能够为每个学生构建一幅立体、精准的学习画像，为后续个性化学习方案的制订提供坚实的数据基础。同时，通过对这些数据的分析，DeepSeek 能够对学生的知识掌握情况进行建模，构建学生专属的知识图谱。这个知识图谱可清晰呈现出学生对各个学科知识点的掌握程度，以及知识点之间的关联。

有了对学生学习状况的精准洞察，DeepSeek 能够在教学平台上为学生定制个性化学习方案。针对学生的薄弱知识点，DeepSeek 能够从教学平台丰富的资源库中精心挑选或生成针对性的学习资源。这些资源不仅包括传统的文字讲解资料、练习题，还涵盖生动有趣的动画视频、互动式模拟实验等多种形式。

在学习节奏安排上，DeepSeek 充分考虑学生的学习习惯和时间管理能力。对于学习效率较高的学生，适当增加学习任务量和难度，鼓励他们加快学习进度；对于学习节奏较慢的学生，则合理调整学习任务，确保学生能够扎实掌握知识，避免因学习压力过大而产生厌学情绪。

学习是一个动态发展的过程，学生的学习状况会随着时间推移和知识积累而发生变化。DeepSeek 会持续跟踪学生的学习过程，实时采集新的学习数据，并与之前的数据进行对比。一旦发现学生在某个阶段的学习效果未达到预期，或者学生的学习能力有了提升，DeepSeek 会立即对学习方案进行调整。

通过这种动态调整与持续优化机制，DeepSeek 助力学生在学习过程中始终保持最佳的学习状态，实现学习效果最大化。

13.2.3　小信 DeepSeek：智能体学习平台

2025 年 2 月，青岛西海岸新区正式上线了基于 DeepSeek 的智能体学习平台——小信 DeepSeek。这是一个专为小学信息科技师生打造的平台，致力于提升学生的科技素养。

该平台包括以下三大模块。

（1）智能备课系统。平台内置全套课程资源，包括丰富的精品课件、情景化教学案例及配套微课视频。教师可通过平台的智能 AI 助手匹配教材章节，获取教学设计、课件，还能在线 AI 备课、智慧授课、AI 出题、智能检测与答疑。同时，借助 AI 出题、AI 写作批阅等功能，教师可以分析学生学习情况，调整教学目标和重难点，设计个性化作业，实现精准指导。

（2）沉浸式互动课堂。平台引导学生在真实情境中发现问题、思考方案、分析优化方案并解疑。在学习过程中，学生可以检索各种资料，借助课堂互动系统的作品投屏、小组协作编程等功能，增强合作与分享。

（3）智能教研体。平台构建了全时空智能教研生态。其中，讨论教研空间向全体教师开放，由名师主导，支持数据分析、智能体对话和现场检索，教师可实时参与教研、交流答疑、与智能体互动等。

DeepSeek 的开源促进了 AI 与教育的融合。未来有望涌现出更多的智能教育平台，为教师和学生提供助力。

13.3　更有科技感的课后管理

课后管理是教学管理的重要组成部分。以往，作业布置与批改、课后辅导等往往费时费力，而 DeepSeek 在这些场景的应用能够让课后管理更加智能、高效，提高学生课后学习的效率与质量。

13.3.1　轻松布置与批改作业

在教育领域，作业布置与批改长期以来耗费教师大量精力。而 DeepSeek 的出现改变了这一局面，让作业布置与批改更加轻松。

教师在布置作业时，只需向 DeepSeek 输入学科、年级、知识点范围、作业难度等关键信息，便能获得多样化且针对性强的作业题目。

以初中英语为例，教师要求布置关于"一般现在时"的作业，DeepSeek 会从词汇拼写、语法运用、句型转换、短文写作等多个维度生成题目。不仅有基础的词汇拼写题，还会给出一般现在时陈述句、疑问句、否定句之间转换的题目，甚至能生成根据给定场景运用一般现在时进行短文写作的题目，以此考查学生对知识的综合运用能力。

在作业批改环节，DeepSeek 也展现出强大的优势。对于客观题，教师将学生作业、答案导入 DeepSeek，DeepSeek 能够快速完成批改。对于主观题，DeepSeek 也能够给出科学合理的评判。例如，对于语文作文，DeepSeek 能够分析文章内容是否贴合主题、文章结构是否清晰、指出其中的文字语法错误并对文笔进行评判等，给出最终的评价。

DeepSeek 在批改作业的同时，还会对学生的作业数据进行深度分析。它能根据学生的答题情况，构建每个学生的知识掌握，清晰呈现学生对不同知识点的理解程度、学习进度及薄弱知识点。基于分析结果，DeepSeek 为教师提供学情反馈，帮助教师制订个性化教学策略。

13.3.2　个性化课后辅导

课后辅导是学生查缺补漏、提升自我的关键环节。传统的统一辅导模式往往难以契合每个学生的独特需求，DeepSeek 的出现为个性化课后辅导带来了新的解决方案。

1．精准剖析学习状况

学生上传作业、试卷等学习资料后，DeepSeek 能利用其强大的语言理解和分析能力，快速精准地判断学生对各个知识点的掌握情况。例如，在数学科目中，DeepSeek 能明确学生在函数、几何等不同板块的解题能力和存在的问题；在语文学科中，DeepSeek 可分析出学生在阅读理解、写作等方面的水平。

通过对学生学习数据的分析，DeepSeek 可以挖掘学生的学习优势。例如，有的学生逻辑思维强，在理科上有优势；有的学生语言表达能力好，在文科上表现突出。同时，DeepSeek 也能精准定位学生的劣势，为个性化辅导提供依据。

2．定制专属辅导内容

基于对学生学习状况的精准把握，DeepSeek 可以为学生定制专属的辅导内容。对于薄弱知识点，它会从庞大的知识资源库中筛选出最契合学生当前水平的学习资料。这些资料不仅涵盖了基础知识点的详细讲解，还配备了丰富的例题和练习题，帮助学生逐步巩固所学知识。对于学习能力较强、渴望提高的学生，DeepSeek 则提供更具挑战性的学习内容，如学科前沿知识介绍、高难度的拓展练习等，激发学生进一步探索的兴趣，拓宽知识视野。

3．多样化辅导方式

DeepSeek 可采用多样化的辅导方式，满足学生不同的学习习惯和需求。它提供智能问答功能，学生在课后遇到问题时，只需将问题输入系统，DeepSeek 就能迅速给出详细的解答和清晰的解题思路。无论是数学难题、语文诗词解析，还是对历史事件的理解，学生都能得到及时的回应。

通过进一步的技术研发和训练，DeepSeek 有望成为学生的专属 AI 助教，为学生提供一对一的线上辅导。AI 助教可以根据学生的实时反馈调整教学节奏和内容，确保学生能够跟上辅导进度。

DeepSeek 在个性化课后辅导方面展现出强大的优势和潜力。随着技术不断发展和完善，相信 DeepSeek 将在教育领域发挥更加重要的作用，让更多的学生受益于个性化学习。

13.3.3　家校沟通：智能共享信息

在教育生态中，家校沟通至关重要，关乎学生的全面成长。DeepSeek 可以深度融入家校沟通场景，通过智能共享信息，打破家校间信息壁垒，为协同育人注入新活力。

传统家校沟通中，家长获取学生学业信息往往存在滞后性，多依赖定期家长会或班主任公布成绩。而通过基于 DeepSeek 搭建起的实时信息共享平台，学生日常学习情况、阶段性考试成绩等学业信息，经系统整合分析后，能即时推送至家长端。

例如，学生提交数学作业后，DeepSeek 可以迅速批改，将正确率、错题详情及知识点掌握情况反馈给家长，家长可第一时间了解孩子学习状况，针对其薄弱知识点及时辅导或与教师沟通。如果学生在英语课堂上发言积极、参与度高，家长也能同步收到相关课堂表现报告，知晓孩子在学科学习中的优势，给予鼓励。

每个学生都是一个独特的个体，成长轨迹各不相同。DeepSeek 可以利用大数据与机器学习算法，为学生打造个性化成长档案。它综合分析学生在各学科学习中的表现、兴趣爱好、心理状态变化等多维度数据，绘制全面且精准的成长画像。例如，发现学生在科学实验课程中展现出浓厚兴趣与天赋，同时在团队合作中领导能力较强，DeepSeek 便将这些信息整理归纳，生成个性化发展建议，与家长共享。家长依据成长档案，能清晰把握孩子的优势与潜力方向，在家庭教育中有的放矢，如为孩子提供更多科学探索资源、鼓励孩子参与相关社团活动，助力孩子在擅长领域深耕。

家校沟通的需要因学生而异，DeepSeek 可实现沟通内容的智能定制。面对学习困难的学生，它为家长推送针对性学习提升策略，包含知识点辅导资料、学习方法推荐，以及教师个性化帮扶计划。如果学生在人际交往方面出现问题，DeepSeek 则提供心理调适建议、沟通技巧等，帮助家长与孩子有效交流，改善社交状况。

DeepSeek 凭借智能共享信息，重塑家校沟通模式，使家校双方在学生教育上目标更一致、行动更协同，为学生营造更优质、全方位的成长环境，助力学生学业进步、身心健康发展。

第 14 章
医疗场景：加速医疗数智化转型

在医疗领域，效率与精准性至关重要。随着时代发展，传统医疗模式局限渐显，亟须数智化转型。DeepSeek 凭借强大的数据分析、智能诊断辅助等功能，为医疗场景带来全新变革。从处理烦琐病历到诊断复杂病症，DeepSeek 逐步渗透这些场景，加速医疗行业迈向数智化新时代，为提升医疗服务质量、优化患者就医体验带来无限可能。

14.1 AI 医疗下的诊治模式

传统医疗诊治面临效率瓶颈与精准度挑战，DeepSeek 作为 AI 前沿力量，以先进算法和深度学习能力深度嵌入医疗流程。从辅助医生快速筛查海量病例，到为复杂病症提供精准诊断建议，DeepSeek 开启全新诊治模式，为医疗行业发展注入新动力，推动医疗服务迈向智能化新高度。

14.1.1　医疗影像分析与诊断辅助

精准医疗成为医疗行业发展的重要趋势。DeepSeek 依托前沿技术，在医疗影像分析及诊断辅助领域崭露头角，推动医疗行业实现变革性突破。

DeepSeek 在医疗影像分析与诊断辅助方面发挥着关键赋能作用。在医疗影像分析环节，它拥有强大的图像识别能力。面对海量的 X 光、CT、MRI 等影像数据，DeepSeek 能够快速准确地识别出不同组织、器官的形态。

在诊断辅助方面，DeepSeek 利用深度学习算法，结合大量临床病例数据，为医生提供诊断参考。当医生上传患者影像资料后，DeepSeek 能够基于过往病例的诊断经验，快速给出可能的疾病诊断建议及风险评估。

以某三甲医院的肺癌筛查为例。该医院每天会产生大量肺部 CT 影像，引入 DeepSeek 后，它先利用图像识别技术对 CT 影像进行快速筛选，精准定位肺部疑似病变区域。筛选完成后，DeepSeek 通过深度学习算法分析病变特征，包括形状、大小、密度等。曾有一位患者的 CT 影像中存在一处极不明显的小结节，人工初筛时遗漏了，DeepSeek 却准确识别并提示高度疑似早期肺癌病灶。最终病理经活检确认，为患者争取了宝贵的治疗时机，提升医院肺癌早期诊断效率与准确率。

DeepSeek 在医疗影像分析与诊断辅助领域的应用，显著提升了医疗工作的效率与诊断的准确性。通过持续优化，DeepSeek 能够更加深度地嵌入医疗流程，为保障患者健康提供更为坚实的技术支撑。

14.1.2　决策支持：用药和手术规划

医疗决策关乎患者健康，DeepSeek 依托先进技术，为用药和手术规划提供了关键的决策支持，助力提升医疗质量。

在用药方面，DeepSeek 广泛收集患者的多源数据，包括病史、基因信息、当前症状及过往用药反应等。利用深度学习算法，DeepSeek 对这些数据进行深度分析，在医学知识库中寻找与患者情况匹配的用药案例和研究成果。

以某中心医院为例，一位患有糖尿病和高血压的患者前来就诊，医生接诊后，将患者的各项检验数据，如血糖、血压、血脂数值，以及过往用药史等信息录入系统。DeepSeek 通过对这些数据的深度挖掘与智能分析，快速生成解读报告。

基于患者病情与检验结果，它在提供用药建议时，考虑糖尿病与高血压药物的相互作用，为医生推荐了适宜的降糖、降压药物组合，并给出每种药物的推荐剂量与服用时间。这一用药建议参考了海量医学知识与丰富的临床案例，辅助医生制订出更科学、精准的治疗方案，提升诊疗效果。

手术规划方面，DeepSeek 会整合患者的医疗影像资料，通过图像识别技术精确勾勒出病变部位及其与周围组织、器官的空间关系。

以脑部肿瘤手术为例，DeepSeek 能够依据影像数据分析肿瘤的位置、大小、形状，以及周围重要神经血管的分布，模拟不同手术路径可能面临的风险和挑战。同时，它向医生展示各种手术方案的预期效果，包括肿瘤切除的彻底程度、对正常组织的损伤概率等。并且它能够辅助医生选择最优的手术路径和操作方式，从而提高手术的成功率，降低手术风险，为患者带来更好的治疗效果。

DeepSeek 在用药方案制订及手术规划方面取得了显著成效，有力地推动了医疗决策流程的科学化与精细化，为广大患者提供更为优质、高效的诊疗体验。

14.1.3　案例：医渡科技用 DeepSeek 加速转型

在医疗行业加速数字化、智能化变革的当下，AI 技术正成为推动行业进步的关键力量。2025 年初，DeepSeek 掀起的 AI 热潮，为众多医药公司带来了新的发展契机，医渡科技便是其中之一。

医渡科技一直致力于前沿创新。其依托自主研发的"AI 医疗大脑"——YiduCore，构建起覆盖公共健康、临床与疾病研究、医疗管理、新药研发及健康管理等多领域的人工智能产品与解决方案体系。

医渡科技已经将 DeepSeek 人工智能模型融入"AI 医疗大脑"——YiduCore，这一举措意义深远。从业务角度来看，此次整合为其在多个领域的发展注入了新动力。在临床与疾病研究方面，借助 DeepSeek 强大的数据分析和处理能力，YiduCore 能够更高效地对海量医疗数据进行挖掘和分析。这有助于研究人员更快地发现疾病的潜在规律、危险因素及治疗靶点，加速疾病研究的进程。

药物研发过程漫长且成本高昂，而医渡科技通过将 YiduCore 与 DeepSeek 模型结合，可以对药物分子的属性和结构进行更精准的分析与优化。从药物发现阶段开始，医渡科技就利用 AI 技术筛选更具潜力的药物分子，缩短研发周期，降低研发成本。例如，此前一些医药公司在 AI 药物研发合作中，通过类似的技术手段成功推动新药进入临床试验阶段，医渡科技有望借助 DeepSeek 在这方面取得更大突破。

在医疗管理和公共健康领域，DeepSeek 助力 YiduCore 实现更智能的医疗资源调配和疾病预测。通过对医疗数据的实时分析，DeepSeek 能够提前预测疾病的流行趋势，为公共卫生决策提供有力支持，同时优化医院的资源配置，提升医疗服务的效率和质量。

医渡科技将 DeepSeek 整合至 YiduCore，是其向全面智能化转型的关键一步。这不仅推动了 AI 技术在医疗健康产业的规模化应用与创新实践，也为医渡科技在竞争激烈的 AI 医疗市场中赢得了更大的发展优势，有望引领行业迈向新的高度，为改善医疗服务和人类健康带来更多可能。

14.2 DeepSeek 升级医疗服务

DeepSeek 凭借深度学习与大数据分析能力，重塑医疗服务体系。它整合海量医学数据与前沿算法，构建全场景应用生态，推动医疗从经验驱动迈向数据驱动。在提升诊断效率和精准度的同时，DeepSeek 通过智能决策和流程优化重构资源配置逻辑，为患者带来高效、个性化服务，开启智慧医疗新篇章。

14.2.1 生成并管理患者电子病历

在数字化医疗时代，患者的电子病历意义重大。依托多种前沿技术，DeepSeek 能够生成并管理患者电子病历，以下是其实现路径。

1. 结构化病历自动生成

基于自然语言处理技术，DeepSeek 可实时解析医患对话内容，自动提取症状描述、体征数据等关键信息，生成符合医疗规范的结构化电子病历。

2. 全流程质控强化

通过构建多维度质控引擎，DeepSeek 实现从文书完整性到逻辑一致性的智能校验。系统能够实时检测必填项缺失、术语规范性错误及诊疗逻辑矛盾。例如，DeepSeek 可以自动提醒手术记录缺失、纠正非标准药物名称等，使病历甲级率得以提升。

3．多源数据深度整合

DeepSeek 通过 API 接口与 HIS（Hospital Information System，医院信息系统）、PACS（Picture Archiving and Communication System，医学图像存档交换系统）等核心系统无缝对接，构建跨平台数据枢纽。其混合云架构支持本地化部署与云端协同，既能够实时调取检查结果丰富病历内容，又能够通过知识图谱关联历史就诊记录，形成动态更新的患者健康档案。

4．智能化辅助决策

依托深度学习算法，DeepSeek 可以提供临床决策支持。系统可基于当前病历内容，自动推送相似病例诊疗方案、药物相互作用预警等参考信息，辅助医生制订个性化治疗方案。

DeepSeek 将电子病历从静态记录升级为动态医疗数据中枢。在提升临床效率的同时，DeepSeek 为医疗质量监管、科研数据挖掘及医保控费提供底层支撑，推动医疗机构的数字化转型向纵深发展。

14.2.2　运营转型：医疗质量评估+成本预测

在医疗行业结构性变革中，DeepSeek 可助力医疗机构运营模式转型。凭借前沿精密技术架构，它可从优化医疗质量评估体系、科学构建成本预测模型等多维度助力医疗机构开展转型实践，为提升竞争力与医疗服务质量夯实基础。

在医疗质量评估方面，DeepSeek 可利用其强大的数据分析能力，整合来自电子病历系统、医疗设备监测数据等多源数据。通过深度学习算法，DeepSeek 对数据中的关键信息进行挖掘，以全面评估医疗质量。此外，基于大量的医疗数据，DeepSeek 构建医疗质量评估模型。该模型涵盖医疗过程中的多个维度，如治愈率、并发症发生率、患者满意度等，为医疗质量提供量化评估指标，帮助医疗机构精准定位问题，提升医疗服务水平。

在成本预测方面，DeepSeek 对医疗机构的各项成本数据进行深入挖掘，包括人力成本、药品成本、设备采购与维护成本等。通过分析历史成本数据的变化趋势，DeepSeek 能快速找出影响成本的关键因素。同时，DeepSeek 运用机器学习算法构建成本预测模型。考虑不同疾病类型、治疗方案的成本差异，该模型为不同项目提供准确的成本预测，辅助医疗机构进行预算规划和资源配置，实现有效的成本控制。

在医疗行业变革中，DeepSeek 凭借在医疗质量评估与成本预测方面的探索，能够助力医疗机构实现运营转型。DeepSeek 通过构建优质高效且具有成本效益的服务模式，为医疗行业发展注入活力，助力提升行业整体水平。

14.2.3 实战：以医生视角生成高血压患者病历

在当代医疗体系架构下，高血压作为一种普遍且对机体健康具有深远影响的慢性疾病，一直是医疗行业关注的重点。一份精确、完备的高血压患者病历，是临床医生洞察其病情并制定个体化治疗策略的基石。然而，传统病历书写流程烦琐复杂，易受多种人为因素的干扰。

在此背景下，很多医院接入 DeepSeek。DeepSeek 能够从专业医生视角出发，以高效、精准的方式生成高血压患者病历，为医疗领域带来创新性变革，进而显著提升病历生成的效率与质量。DeepSeek 如何以医生视角生成高血压患者的病历，其步骤如图 14-1 所示。

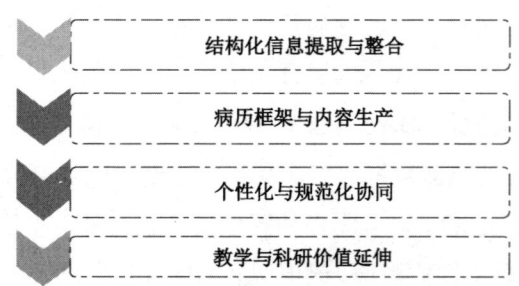

结构化信息提取与整合

病历框架与内容生产

个性化与规范化协同

教学与科研价值延伸

图 14-1　DeepSeek 以医生视角生成高血压患者病例的步骤

1. 结构化信息提取与整合

DeepSeek 基于自然语言处理技术自动解析患者主诉信息。例如，医生输入"男性 65 岁，血压波动 3 个月，最高 180/110mmHg"，DeepSeek 自动识别关键数据并

生成标准化主诉描述。通过对接 HIS 系统，DeepSeek 自动关联患者既往史、家族史及用药记录，标注药物调整时间轴并生成警示标签。同时，DeepSeek 针对血压波动特征，自动生成动态监测图表，如图 14-2 所示。

```
1  | 时间         | 收缩压(mmHg) | 舒张压(mmHg) | 测量条件        |
2  |------------|------------|------------|----------------|
3  | 2025-02-08 | 162        | 98         | 晨起静息状态     |
4  | 2025-02-10 | 178        | 106        | 情绪激动后       |
```

图 14-2　血压动态监测表

2．病历框架与内容生产

根据《病历书写基本规范》，DeepSeek 自动生成 SOAP（Simple Object Access Protocol，简单对象访问协议）框架，包括主观资料、客观资料、评估及后续计划。同时，DeepSeek 对诊疗逻辑进行分析。例如，对于难治性高血压患者的病例，DeepSeek 自动嵌入诊断树，如图 14-3 所示。

```
1  原发性高血压 → 继发性因素排查：
2  ├── 肾动脉狭窄（肾血管彩超）
3  ├── 原发性醛固酮增多症（ARR检测）
4  └── 嗜铬细胞瘤（24小时尿VMA）
```

图 14-3　难治性高血压诊断树

3．个性化与规范化协同

DeepSeek 实时校验诊断名称规范性，例如，将"高血压病"自动修正为"原发性高血压 3 级"。在药物描述中，DeepSeek 自动匹配化学名并标注医保目录类别。此外，DeepSeek 根据患者特征生成定制内容并进行质控提醒。通过实时检测必填项缺失、逻辑矛盾，DeepSeek 将推送修正建议。

4．教学与科研价值延伸

在诊疗方案中，DeepSeek 严格遵循医学标准，并自动关联指南依据，如《中国高血压防治指南》。针对住院医师，DeepSeek 在病历中插入教学注释，如图 14-4 所示。

```markdown
1    [教学重点] 该患者需重点鉴别原发性与继发性高血压：
2    1. 继发性高血压线索：低血钾+肾动脉杂音
3    2. 诊断路径：ARR检测→盐水输注试验→肾上腺CT
```

图 14-4 教学注释

DeepSeek 将高血压病历从信息记录载体升级为临床决策支持工具，在提升书写效率的同时，强化了诊疗的规范性与教学的科研价值。

14.3 辅助医疗科研工作

医疗科研对提升人类健康水平意义重大，但在传统模式下，医疗科研工作面临海量数据处理与复杂模型构建难题。DeepSeek 作为前沿技术，凭借先进算法辅助医疗科研工作顺利进行。DeepSeek 在数据处理、研究方向预测等关键环节发力，能够助力医疗科研突破瓶颈，推动医学进步。

14.3.1 创建医疗知识图谱与问答系统

创建医疗知识图谱与问答系统，是当下医疗科研迈向智能化的任务之一。在此背景下，DeepSeek 凭借独特优势，为其发展带来新契机。它能够整合多源数据，助力科研突破，开启医疗科研智能化新篇章。

在构建医疗知识图谱方面，DeepSeek 强大的数据分析能力能够整合海量医疗数据，涵盖医学文献、临床病例、诊疗指南等。它可以从这些数据中提取实体，如疾病名称、症状、药物等，并识别实体间关系。凭借深度学习算法，DeepSeek 能够对复杂数据进行智能分析，补充图谱中可能缺失的信息，完善知识图谱架构，保障其完整性与准确性。

创建问答系统时，DeepSeek 以构建好的知识图谱为基础。当用户提出医疗相关问题，它利用自然语言处理技术理解问题含义，然后在知识图谱中搜索匹配答案。同时，通过持续学习新的医疗数据和用户反馈，DeepSeek 不断优化问答系统，提升回答的准确性与全面性，为医疗科研人员、医生及患者提供更智能、更高效的知识查询服务。

DeepSeek 在创建医疗知识图谱与问答系统方面展现出显著的效能，为医疗科研工作提供有力支持，有效促进医疗知识的传播与应用，推动医疗行业向更高水平迈进。

14.3.2　智能整理科研数据、论文等

在医疗科研领域，数据与文献海量且复杂。医疗科研机构接入 DeepSeek，能够高效梳理整合资源。

面对海量医疗科研数据，DeepSeek 能够对数据进行分类筛选。它精准识别数据类型，将临床病例数据、实验研究数据、基因测序数据等分别归类，节省人力筛选时间。例如，在心血管疾病研究中，DeepSeek 能够快速从众多病例记录中提取出患者年龄、症状、治疗方案及康复情况等关键信息，整合为便于分析的结构化数据。

处理医学论文时，DeepSeek 通过自然语言处理技术抓取论文核心内容。它能够自动提取论文标题、摘要、研究方法、结论等要点，还能够挖掘不同论文间的关联。同时，DeepSeek 能够依据关键词和主题，对论文进行智能归档，方便科研人员随时检索调用。

例如，某药企科研团队在研发一款针对心血管疾病的创新药物时需梳理大量医学论文，其借助 DeepSeek 先对海量论文进行语义分析，快速筛选出与心血管疾病病理机制、现有药物靶点及治疗效果相关的文献。团队输入"新型心血管药物研发方向"，DeepSeek 从千万级论文库中迅速精准定位数千篇高关联论文，并自动提取关键数据，如不同药物作用机制、临床试验数据等，生成简洁报告。原本需科研人员数月完成的文献初筛与关键信息提取工作，DeepSeek 仅用一周就高质量完成，加速了研发进程。

DeepSeek 在智能整理科研数据与论文方面成效显著，实现科研信息的有序化管理，为提升科研效率作出了实质性贡献。

14.3.3 加速药物研发进程

传统药物研发模式存在研发周期长、成本高等问题，而 DeepSeek 能够基于智能算法精准定位药物靶点，助力设计药物分子，依靠大数据与 AI 模拟临床试验，加快药物研发进程。

DeepSeek 如何加速药物研发进程？具体实现路径如图 14-5 所示。

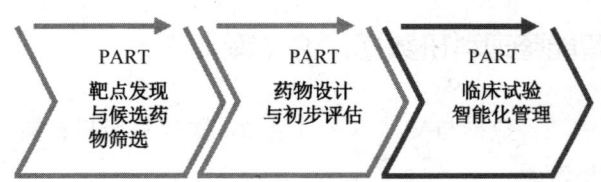

图 14-5　DeepSeek 加速药物研发进程

1．靶点发现与候选药物筛选

在药物靶点发现阶段，DeepSeek 整合基因测序、蛋白质组学及临床数据，利用深度学习模型识别疾病相关靶点。通过机器学习算法，它能够分析出与疾病密切相关的潜在靶点，大幅缩小研究范围，节省人力和时间成本。例如，在肿瘤药物研发中，DeepSeek 能够精准识别出特定癌细胞异常表达的基因或蛋白，为研发针对性药物提供关键靶点。

2．药物设计与初步评估

进入药物设计环节，DeepSeek 依据靶点的三维结构信息，运用分子对接技术，模拟药物分子与靶点的相互作用。它能够快速筛选大量化合物库，预测化合物与靶点的结合亲和力，辅助科研人员设计出更具活性和特异性的药物分子。同时，DeepSeek 还能够通过虚拟筛选，对药物分子的成药性进行初步评估，提高研发成功率。

3．临床试验智能化管理

在临床试验模拟方面，DeepSeek 可利用真实世界数据和临床研究数据构建模拟模型。通过模拟不同患者群体对药物的反应，预测临床试验结果，优化试验设计，包括样本量确定、试验周期规划等。这有助于减少临床试验的不确定性，降低失败风险，加速药物从实验室到临床应用的进程，让更多有效的治疗药物更快地惠及患者。

DeepSeek 深度融入药物研发全流程，大幅缩短研发周期、降低成本。它加速了创新药物从实验室到临床应用的转化，为全球患者带来更多治疗希望，引领药物研发领域迈向高效发展新征程。

第15章
政务场景：公共治理效能跃升

随着城市规模扩张及政务复杂程度攀升，传统政务模式在公共治理中面临诸多挑战。而 DeepSeek 依托人工智能、大数据等前沿技术，有效打破信息壁垒、优化政务流程，重塑公共治理生态。以下将深入剖析 DeepSeek 在公共治理各环节的应用，探究其提升治理效能的内在机理，为治理现代化提供理论与实践参考。

15.1 智能决策支持：提升政策科学性

政策科学性对治理成效起着至关重要的决定性作用。DeepSeek 凭借强大能力，能深入剖析政策，精准生成报告，助力公众理解政策。同时，它能敏锐洞察社会趋势，提前预警潜在风险，为治理决策提供支持，提升政策科学性与前瞻性。

15.1.1 政策分析与报告生成

在政务治理不断追求高效、精准的当下，DeepSeek 这一先进的人工智能技术正崭露头角，为政策分析与报告生成带来革命性变革。

政策分析是政务治理的基石，它要求精准把握社会动态、深入剖析问题根源，并提出切实可行的解决方案。然而，传统的政策分析往往依赖人工收集、整理和解读海量数据，不仅耗时费力，还容易因人为疏忽出现偏差。DeepSeek 凭借其强大的数据处理能力，能够迅速整合并分析来自多个渠道的信息，为政策制定者提供全面、准确的数据支持。这不仅极大地提高了政策分析的效率，还确保了分析

结果的客观性和准确性。

在报告生成方面，DeepSeek 同样展现出非凡的实力。它能够根据政策分析的结果，自动生成结构清晰、内容翔实的政策报告。这些报告不仅包含了政策制定的背景、目标和措施等基本信息，还通过图表、数据等形式直观地展示了政策实施的效果和预期影响。这不仅为政策制定者提供了便捷的决策参考，还方便了公众对政策的理解和接受。

此外，DeepSeek 还具有强大的学习和优化能力。它能够根据政策实施过程中的反馈数据，不断调整和优化分析模型与报告生成逻辑，确保政策分析与报告生成的质量持续提升。

总之，DeepSeek 作为政务治理领域的智能助手，正在以其实力改变政策分析与报告生成的传统方式，为政务治理的现代化进程注入了新的活力。

15.1.2　社会趋势预测与预警

社会趋势的动态演进复杂且持续，精准预测与预警对提升政务决策科学性、有效性极为关键。DeepSeek 依托于先进技术架构，构建社会趋势预测与预警创新范式及路径，为政务管理现代化转型注入新动力。

DeepSeek 能够汇聚多源海量数据，涵盖社交媒体动态、经济运行指标、人口流动数据、舆情监测信息等。通过强大的自然语言处理技术，它能够对社交媒体上民众的讨论、诉求进行实时解析，捕捉潜在的社会热点与趋势。同时，结合人口大数据，DeepSeek 能够分析人口结构变化、流动方向，洞察社会发展的潜在影响因素。

在预测基础上，DeepSeek 构建智能预警体系。它设定了各类关键指标的阈值，一旦数据触及阈值，便即刻发出预警。例如，在舆情监测中，当某一话题热度在短时间内异常攀升，且负面情绪占比超过设定标准，DeepSeek 迅速向相关部门预警，以便及时介入引导。对于公共卫生领域，监测到特定疾病相关搜索量、病例报告数据异常时，DeepSeek 能提前预警疫情风险，助力政府提前部署防控措施。

DeepSeek 凭借先进的技术能力，为政府部门提供了前瞻性的决策支持，有效增强了风险防范能力，推动社会治理体系向更高水平发展。

15.2 政务流程再造：高效化升级

在数字化转型浪潮下，政务流程优化是提升政府治理效能的关键。传统政务流程繁琐、信息不畅且协同难，无法满足公众需求。DeepSeek 依托前沿技术，精准识别流程瓶颈，以自动化、智能化重塑流程，实现跨部门协同应用，助力政务升级转型。

15.2.1 政务流程简化，提升效率

政务流程的复杂性已成为制约公共服务效能提升的关键因素，亟待系统性改革。DeepSeek 作为前沿数字技术解决方案，为政务流程简化与行政效率提升开拓了创新路径，有望推动政务服务迈向高效、智能的全新发展阶段。具体实现路径如图 15-1 所示。

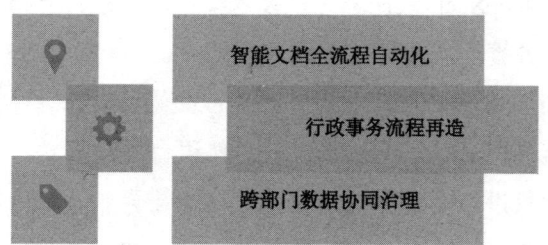

智能文档全流程自动化

行政事务流程再造

跨部门数据协同治理

图 15-1　DeepSeek 助力政务流程简化的路径

1. 智能文档全流程自动化

DeepSeek 基于自然语言处理技术，能实现公文生成、审核与校对的智能化改造。通过挖掘海量业务数据，DeepSeek 精准定位流程中存在的繁琐环节、重复审批步骤及信息流通不畅的节点。例如，在企业资质审批流程中，DeepSeek 发现部分证明材料需在不同部门重复提交，便可针对性优化。

2．行政事务流程再造

利用自动化技术，DeepSeek 可自动处理大量重复性、规律性的工作。例如，在税务申报流程中，DeepSeek 能够依据企业过往数据自动生成部分报表，减少人工填报工作量与出错概率。同时，借助智能审核系统，DeepSeek 对符合既定规则的申请进行快速审核，极大地缩短审批周期。

3．跨部门数据协同治理

DeepSeek 打破信息壁垒，构建统一的数据共享平台。各部门可实时获取所需信息，无须再通过层层传递与沟通协调。例如，在建设项目审批中，DeepSeek 能够助力规划、住建、环保等部门基于同一项目数据开展协同工作，避免因信息不一致导致的流程延误，全方位地提升政务运行效率，为公众与企业提供更便捷、更高效的政务服务。

DeepSeek 能够有效简化政务流程，显著提升政务运行效率，为构建高效政务服务体系提供支撑，推动政务服务迈向更高水平。

15.2.2　常规业务自动化执行

在政务领域，常规业务占据了大量的时间与精力。从文件审批、信息录入到流程监管，传统模式往往依赖人工操作，不仅效率低下，还容易出现人为失误。而 DeepSeek 技术的融入，正逐步改写这一局面，实现政务领域常规业务的自动化执行。

DeepSeek 具备强大的自然语言处理能力，能够快速解读各类政务文件与指令。在文件审批环节，它能精准抓取文件关键信息，自动匹配相关政策法规，评估文件合规性与合理性。例如，对于企业提交的项目申报文件，DeepSeek 可迅速分析项目内容、投资规模和预期效益等信息，依据既定政策标准判断是否符合审批要求，极大缩短了人工审阅文件的时间。

信息录入工作在政务领域极为常见却又十分繁琐。DeepSeek 通过图像识别与数据提取技术，可直接从纸质材料或电子文档中准确采集信息，并自动录入到相应的政务系统中。无论是居民的户籍信息登记，还是企业的工商注册信息录入，DeepSeek 都能高效完成，大幅减少人工录入可能出现的错漏，提升信息的准确性与完整性。

流程监管也是政务常规业务的重要组成部分。DeepSeek 利用智能算法，对政务业务流程进行实时监控。它能依据预设的流程规则，跟踪每一个业务环节的进展情况。一旦发现某个环节出现延误或异常，DeepSeek 会立即发出预警，同时分析可能的原因，为工作人员提供针对性的解决方案建议。以行政审批流程为例，若某个审批环节超出规定时间未完成，DeepSeek 会及时提醒相关负责人，并分析是资料不全、审批流程复杂还是人员调配问题导致，助力迅速解决问题，保障业务流程顺畅运转。

DeepSeek 在政务领域常规业务自动化执行方面展现出巨大潜力。它让繁琐的工作变得高效、精准，解放了政务工作人员的时间与精力，使其能够将更多资源投入更具创造性与战略性的工作中，推动政务服务水平迈向新高度，为构建高效、便捷的政务环境奠定坚实基础。

15.2.3　基于大模型的政务 AI 原生应用开发能力成熟度模型

随着 AI 技术的飞速发展，政务领域对 AI 应用的需求日益增长。基于大模型的政务 AI 原生应用开发能力成熟度模型（简称"成熟度模型"）为评估和推动政务 AI 应用的发展提供了系统框架。该模型从多个维度评估政务 AI 应用的能力，并明确不同成熟度的等级标准，为政务 AI 应用的开发和优化提供指导，如图 15-2 所示。

成熟度模型主要由能力域、应用场景、应用开发、技术组件和应用效果五个部分组成。其中，应用场景涵盖经济调节、市场监管、社会治理、公共服务、生态环境保护、数字机关、对话交互和推理分析等多个方面。

成熟度模型将政务 AI 应用的能力成熟度细分为五个等级，从 L1 积极探索级到 L5 原生引领级，每个等级对应不同的能力表现和评价标准。

能力域	应用场景		应用开发	技术组件	应用效果	成熟度等级
	经济调节	对话交互	提示工程	大模型组件	性能评价	L5 原生引领级
	市场监管	内容生成	搜索增强	小模型组件	数据安全	
能力项	社会治理	推理分析	工作流	API服务组件	适配兼容	L4 全面转型级
	公共服务	知识服务	政务知识库	内容型组件	市场实践	L3 领域创新级
	生态环境保护	检索推荐	Agent编排	代码组件		L2 单元实践级
	数字机关		插件管理			L1 积极探索级

图 15-2　基于大模型的政务 AI 原生应用开发能力成熟度模型

L1 积极探索级：初步探索 AI 应用，具备基本的功能实现能力。

L2 单元实践级：在特定领域和场景中实现有效的 AI 应用。

L3 领域创新级：在多个应用场景下实现创新，具备领域适应性。

L4 全面转型级：实现全面的 AI 应用转型，具备高度的自动化和智能化水平。

L5 原生引领级：处于 AI 原生的引领位置，具备行业示范效应。

基于大模型的政务 AI 原生应用开发能力成熟度模型为政务 AI 应用提供了系统化的评估和开发指导。通过明确不同成熟度等级的标准，模型帮助政务机构合理规划和部署 AI 应用，提升政务服务的智能化水平，推动数字政府建设和发展。

成熟度模型不仅为政务 AI 应用的开发和优化提供了科学依据，还为提升整体政务效能和公共服务质量奠定了坚实基础。

15.3 政务服务优化：打造高效便民体验

政务服务优化是提升民众满意度、增强政府公信力的关键。传统政务服务模式因流程繁琐、信息不畅及决策滞后，难以满足民众需求。政务场景接入 DeepSeek，能够从多维度构建新的解决方案，推动政务服务向高效、精准方向转型。

15.3.1　智能客服与咨询系统

在当代社会，民众的政务咨询需求激增，传统客服体系面临巨大压力。DeepSeek 通过构建全新架构与智能交互模式，精准解析问题，有效破除沟通壁垒，全方位推动政务服务体验升级与革新。

DeepSeek 可通过自然语言处理技术，深度理解民众咨询内容。它能够迅速解析复杂问题，精准提取关键信息，无论民众以何种表述方式提问，DeepSeek 都能够快速匹配知识库中的相关内容，给出准确回应。例如，在户籍迁移业务咨询方面，面对民众多样化的表述方式，DeepSeek 能准确捕捉核心需求，提供清晰、详尽的指引，有效提升了咨询效率。

利用机器学习算法，DeepSeek 不断优化智能客服的回答策略。它根据过往咨询数据，分析常见问题类型、高频咨询时段等，提前优化知识库，调整回答侧重点。如果发现某类业务咨询量激增，DeepSeek 便自动将相关解答置于优先推荐位，提高咨询效率。DeepSeek 还能够实现多渠道服务整合。民众通过政务网站、App、微信公众号等不同平台咨询，都能够接入同一智能客服系统，且咨询记录实时同步。

用户在 App 上咨询了一半的问题，切换到网站也能够继续，无须重复提问，极大提升便捷性。同时，DeepSeek 可与人工客服无缝对接，遇到复杂问题，及时转接人工，确保问题得到妥善解决，全方位提升政务智能客服与咨询系统的服务质量。

DeepSeek 通过多元策略显著提升了政务咨询的效率与质量，有效破除了沟通障碍，成功实现了对政务智能客服系统的全面优化。这一系列举措为构建高效、便民的政务服务体系奠定了坚实基础，有力推动了公众满意度的提升，促使政务服务水平迈向了一个全新的高度。

15.3.2　个性化服务推荐

在政务服务领域，公众需求日趋多元化，传统服务模式已难以满足其需求。DeepSeek 通过多维度探索，构建政务个性化服务推荐体系，打破服务瓶颈，开辟

提升公共服务精准度与便捷性的全新路径。

DeepSeek 首先对用户数据进行深度挖掘与分析。它收集民众在政务平台的浏览记录、业务办理历史、咨询问题类型等数据。例如，一位市民频繁查询公积金贷款政策，还曾办理过公积金提取业务，DeepSeek 便将这些信息整合，构建起该市民的个性化画像，精准洞察其在公积金领域的服务需求。

利用机器学习算法，DeepSeek 依据用户画像建立个性化推荐模型。模型会根据不同用户的特征，预测其可能感兴趣的政务服务。对于关注公积金业务的用户，系统会优先推荐公积金政策解读讲座、公积金贷款额度提升指南等相关服务。同时，结合时事热点与政策变化，动态调整推荐内容。

在推荐渠道上，DeepSeek 实现多平台协同。用户在政务 App 上查看过社保业务，再次登录时，首页便能够看到社保相关的最新政策、办理指南等个性化推荐内容，确保用户在各个平台都能够便捷获取符合自身需求的政务服务推荐，提升政务服务的针对性与便捷性。

DeepSeek 依托大数据挖掘与分析技术，精准解析公众多元需求，迭代优化机器学习算法，构建高效智能推荐策略。这样可以推动政务服务流程智能化重塑，提升服务精准度与响应效率，助力政务服务向智能化、精细化转型，增强公众满意度。

15.3.3　案例：DeepSeek 实现一站式政务服务升级

传统政务服务流程烦琐、环节复杂，导致民众办事效率低下，耗费大量时间与精力。DeepSeek 运用先进技术，构建一站式政务服务全新架构，有效打破了部门间的信息壁垒，推动政务服务向高效、便捷的方向迈进，开启政务服务现代化转型的新篇章。

以某城市为例，以往企业开办流程涉及工商登记、税务登记、刻章备案、银行开户等多个环节，需分别前往不同部门与机构，流程繁琐，耗时长。该城市政府注意到此现象后，选择接入 DeepSeek，打造了一站式政务服务。

企业主只需登录统一的政务服务平台，该平台依托 DeepSeek 的技术支撑，能够智能引导企业主录入开办所需的基础信息。DeepSeek 运用大数据与人工智能技术，对这些信息进行快速分析与整合。在工商登记环节，系统自动生成规范的企业注册申请表，避免企业主因不熟悉格式而反复修改。同时，DeepSeek 与税务部门系统打通，依据企业类型与经营范围，自动预填部分税务登记信息，减少企业主手工填报量。

在刻章备案流程中，DeepSeek 根据企业提交的资料，快速匹配合规的刻章机构，并推送相关信息。在银行开户方面，DeepSeek 与多家银行系统对接，提前为企业主筛选出符合其需求的银行产品，并协助其提交开户申请资料。

借助 DeepSeek，企业主在一个平台即可完成大部分操作，整个企业开办流程缩短至 1~2 个工作日，真正实现了一站式政务服务，为企业节省大量时间与精力，优化了营商环境。DeepSeek 整合资源、优化流程，成功实现一站式政务服务升级，极大地提升办事效率和民众满意度，为构建现代化政务服务体系奠定坚实基础。

反侵权盗版声明

电子工业出版社依法对本作品享有专有出版权。任何未经权利人书面许可，复制、销售或通过信息网络传播本作品的行为；歪曲、篡改、剽窃本作品的行为，均违反《中华人民共和国著作权法》，其行为人应承担相应的民事责任和行政责任，构成犯罪的，将被依法追究刑事责任。

为了维护市场秩序，保护权利人的合法权益，我社将依法查处和打击侵权盗版的单位和个人。欢迎社会各界人士积极举报侵权盗版行为，本社将奖励举报有功人员，并保证举报人的信息不被泄露。

举报电话：（010）88254396；（010）88258888

传　　真：（010）88254397

E-mail：　dbqq@phei.com.cn

通信地址：北京市万寿路 173 信箱

　　　　　电子工业出版社总编办公室

邮　　编：100036